灵感的运转

〔美〕巴奈特·贝恩（Barnet Bain）著
王雨晴 译

金城出版社
GOLD WALL PRESS

图书在版编目（CIP）数据

灵感的运转 / （美）巴奈特 · 贝恩著；王雨晴译.
—北京：金城出版社，2018.1
书名原文：The Book of Doing and Being:
Rediscovering Creativity in Life, Love, and Work
ISBN 978-7-5155-1580-9

Ⅰ. ①灵… Ⅱ. ①巴… ②王… Ⅲ. ①灵感－研究 Ⅳ. ①B804.3

中国版本图书馆 CIP 数据核字（2017）第 273179 号

灵感的运转

作　　者	（美）巴奈特 • 贝恩
译　　者	王雨晴
责任编辑	丁洪涛
开　　本	880毫米 × 1230毫米　　1/32
印　　张	8.5
字　　数	250千字
版　　次	2018年3月第1版　　2018年3月第1次印刷
印　　刷	北京凯达印务有限公司
书　　号	ISBN 978-7-5155-1580-9
定　　价	45.00元

出版发行	**金城出版社**北京市朝阳区利泽东二路3号
	邮编：100102
发 行 部	（010）84254364
编 辑 部	（010）64210080
总 编 室	（010）64228516
网　　址	http://www.jccb.com.cn
电子邮箱	jinchengchuban@163.com
法律顾问	陈鹰律师事务所　（010）64970571

献给桑迪

媒体与名人推荐

巴奈特·贝恩的书文笔流畅、语句优美。它能够引导我们感受创意的激情，并为我们提供了一整套训练创造力的方法。它会以一种让人意想不到的方式，来拓展你的能力，开启你的创意之心。

——《女人的觉醒》和《失物招领》作者　吉宁·罗斯

在我读过的所有有关“创造力”的书中，这可能是最好的一本。创造的灵感到底存在于什么地方？怎样才能获取这些灵感？对于这些问题，它都给出了令人信服的理论阐释。除此以外，它还能够激发你的创造潜能，并且帮助你掌控生命的能量，探索生活的方向。听从这本书的指引吧！放弃生活中的“确定无疑”，感受生命中的神秘力量，并依靠这种力量生活。总之，把它当做一个体验“创意奇迹”的课程。

——国际畅销书《场》《意念的实验》和《联系》作者

林恩·麦克塔加特

贝恩完美地证明了这一点：正确对待自己的“本质”，可以开发自己的天资，并使自己更容易在“行为”上走向成功。

——曼德勒娱乐集团董事长，洛杉矶道奇队的共同所有人，

《会讲才会赢：如何通过讲故事打动人心，赢得机会》

作者 彼得·古伯

这是一本出色的创意指南。在它的指导下，我们可以深入探索“自我”的种种“可能”，越过“创新之路”上的重重阻碍，最终使我们的“本质”得到真正的解放。巴奈特·贝恩是一个极富创造活力和革新精神的艺术家。他通过不同的训练手段，帮助我们解除了“自我”所受的束缚。他的“创新”理论基于以下前提：在每个人的“自我”深处，都存在着一种独一无二的“激情”；一旦找到了这种“激情”，就能在它的指引下，过上一种符合自己心意的、具有真正价值的生活。贝恩列举了种种论据，使我们能够相信自己。此外，他还提供了一些行之有效的操作步骤——遵循这一指导，我们就能够恢复自己的天性，找到专属于自己的那种“激情”。

——哥伦比亚大学临床心理学系教授兼系主任，

《有灵性的孩子》作者 丽莎·米勒博士

在贝恩巧妙的引导下，我们能够培养创造力，触发革新意识，发现自己真正的“激情”和“目标”。不要有所畏惧，大胆地深入书中，想象力才能得到延伸和发展。

——《真正的领袖》杂志创始人 马克·范·尼斯

巴奈特·贝恩使用了一种全新的理论框架，来阐释“创造力”的机理。这种理论不仅能够帮助我们找到真正的“生活目的”，而

且能够给他人的生活带来价值和希望。他通过本书揭示了一个真理：无论我们的年龄状况、教育程度、文化背景如何，彼此的经历有多么不同，我们都能做相同的事情——富有创造力。简而言之，如果你想拥有理想的生活方式，就全身心地投入到本书中吧！

——《纽约时报》畅销书《做关系网的主人》作者，
BNI®（“国际商业网络”）创始人　伊凡·米斯纳博士

本书思路清晰，观点深刻，语言幽默。在书中，巴奈特·贝恩教会了我们如何开启创造潜能，实现自己的梦想。我强烈推荐这本书。

——《男人来自火星，女人来自金星》作者　约翰·格雷博士

在本书中，巴奈特·贝恩歌颂了“本质”“创造力”和“心流”的能量，并帮助我们找到被遗忘的“自我”，发掘最深层的潜能。本书思想深刻，感染力强，具有很高的使用价值。

——《纽约时报》畅销书《父母的觉醒》作者
沙法丽·萨巴瑞博士

为了捕捉到稀有的“创意”，人们总是在被动地等待着灵感的迸发或者“缪斯”的降临。而本书则改变了这一点。它用生动而形象的语言，展示了许多有效的“创造方法”；在任何时候，我们都可以使用这些方法，从而免去了“被动等待”的烦恼。

——吉娜吉卜赛茶业公司创始人，《茶杯上的生活》作者
吉娜·穆祖卡

本书是你期待已久的“创意方法指南”。巴奈特·贝恩的思想极富启发意义——它能帮助我们点燃创意之火，跨越创意之路上的重重阻碍。

——“女性之家”组织创始人　凯利·麦克内尔

本书是一种高效的催化剂，它可以帮助你产出绝妙的创意，启动创新性的项目，并引导你体验一场精彩的生活旅程。每个人都拥有无与伦比的创造力，如果我们想凭借这种力量，做出一件光耀世界、震惊寰宇的事情，就必须唤醒自己的身体，挖掘灵魂深处的“能量”。而巴奈特则为我们提供了一种最为科学和有效的“唤醒”方法。

——《纽约时报》畅销书《无论如何》作者，心灵成长书《秘密》中的导师　丽莎·尼可斯

如果你还没有参加过巴奈特·贝恩的培训班，体验过其中的乐趣，本书会帮你补足这个缺憾。它会引导你发现一种独特的“创造力”——“自我”。不停地去“感受”“自我”，你会发觉，许多新奇的想法会源源不断地从其中冒出来。在此之后，立即把这些想法付诸行动……总之，巴奈特会点燃你的创意之火。

——教育学博士，《工作中的龙》作者　斯蒂芬·约瑟夫

无论你对自己评判如何，是富有创造力还是榆木脑袋一个，都改变不了你“极富创造力”的本质。总之，阅读本书就像是经历一场发现之旅，每个人都能获得诸多启迪。这次“旅行”可以帮助你更加充分地“表达自我”，从而引导你进入一种富有“活力”的生活状态。

——《成功长青》作者之一　斯图尔特·艾莫力

目录 Contents

前言 Introduction

创意多一点，生活将会变得更美好

我在加拿大长大，父亲是一名屠夫，母亲是一位主妇。全家人经常在吃晚饭的时候谈天说地，话题总是围绕着这个社区里的人：父亲商店的顾客、邻居、朋友……有时候，我们会谈到格里高尔：他是一名出色的画家兼婚礼摄影师，在镇上拥有一间小小的工作室。无论他走到哪里，身上总会散发出冲洗照片的药水气味和浓缩咖啡的醇厚香味。他留着长发，身披围巾，说话时总是带有法国口音——这一切都给他带来一种浪漫的神秘感。我的父母总是称他为“自由职业者”。这个词语意蕴深长，它暗示着格里高尔没有稳定的收入，无法拥有经济上的“安全感”。虽然他极富“创造”的活力，却不能谋得足量的财富，无法得到世俗的“认可”，也没有一个安稳的“未来”。总之，这些五花八门的传闻，既让人有些害怕，又让人兴奋不已。

在我所受的教育中，“成为一名自由职业者”——这种不拘世俗、离经叛道的想法是不受认可的；但是，我却最终成了一名“自由职业者”。我的生活轨迹完全不同于最初的规划：我超越了

“结构化想象力”的限制，“创造”了一种全新的生活方式。（在本书中，我将教你如何摆脱“结构化想象力”的限制。）我知道，成为一名“自由职业者”，就意味着我的未来无法得到保证；也就是说，在职业、财富、健康、情感等方面，我无法确保自己一定会收获颇丰。但是，我已经迈出了这一步，没有办法再回头了。即使我想要回头，我与“安稳”之锚的联系也已被切断；更何况，现在的我离海岸太远，也无法找到一个可供回归的安全港湾。因此，我必须创造“安全感”，并且坚信，这种发源于“自我”的“安全感”，能够帮助我面对和处理一切世事。

就这样，我开始了漫长的旅程。大部分时间里，海上十分平静，但有时也会风雨交加，巨浪滔天。我有时会陷入压力和恐惧中，一度对未来失去了信心。但我还是满怀“热情”地“投入”到了“创造”的过程中——“创新”给我带来了源源不断的活力，帮助我艰难地生存了下来。

当你按照本书的指导进行练习和实践，进而投入到“创造”的过程中时，你原始的生活规划就会更加“个性化”；换句话说，你的生活规划将不再与他人雷同。这个过程既令人心情愉快，又让人感到不安。实际上，在真正的操作过程中，我们并不会一昧迎合或者完全抗拒别人的“生活模式”，而是汲取其中的优点，把它们加入到自己的规划和构想中，进而有意识地“创造”出自己想要的生活。

无论你的职业如何，你逐渐会意识到，生活永远都是自由而不稳定的。除此以外，你还会了解到，任何事情——薪水、婚姻、健康、幸福——都不是理所当然、一成不变的。它们当下的状况与你内心的状态息息相关。因为内心的状态活跃多变，它们自然会受到影响，并不时产生波动。因此，你不可能把它们锁进“保险库”，使它们安安稳稳地生出“利息”、安安稳稳地保存到将来。

整个生活都是一种创造性的行为。当你意识到这一点时，对于生活的枝枝节节、方方面面，你都会认真负起责来。而一旦有了这种 100% 的责任心，你就能看透世间万事；你就能认识到，每一个人都是“自由职业者”——无论他们的具体工作是什么；每一个人都是自己人生的编剧和导演。

如果你有了上面的认识，那就意味着，你的思想发生了重大的转变。当你真正理解了自己的过去，能够打造出专属于自己的“生活模式”时，这种转变就会发生。这种“生活模式”是独一无二的，就像你的指纹也是世间仅有的一样。实际上，如果了解自己的内在状态，并以这一状态来指导自己的生活，你的生活就不会再受许多无谓的束缚，而将走向真正的自由和独立。你将是一个自由的主体。你是自由的。

“现在”不是“过去”的结果

所有的行为都是创造性的行为。一段关系、一项事业、一部剧本、一段舞蹈……我们所了解、热爱的东西，都是我们“创造行为”的结晶。

我和朋友芭芭拉经常在一家饭店碰面，并且很喜欢店里的一个角落。有一次，我们俩坐在那里，讨论起了“创意生活”的话题。我们互问彼此，什么是一种富有创意的生活？它是什么样子的？“感觉”起来如何？怎样才能把它“表达”出来？

很多有意思的想法涌现了出来。我们把其中的许多想法记录到了白纸上，形成了一个“思想地图”。这张“地图”面积很大，甚至连整个桌面都盖住了。我很庆幸当时做了这些记录，因为在那之后我曾多次查阅这幅地图，从中汲取了许多灵感。当然，在日常生活中，我会经常产生一些新的想法；每当此时，我就把它们添加到原来的那张“地图”上去。

那次谈话的中心内容是，无论是从总体上讲，还是从个人的角度来看，人类总是在不停地发展着、进化着。“现在”不一定是“过去”的延续，它有可能超越“过去”而存在。如果我们对“未来”满怀期待，如果我们甘愿被“下一个”事物——下一个灵感、下一个点子、下一段经历——所打动、所震撼、所惊奇……那么，我们就过上了一种富有创意的生活。每个人都可以拥有这种“创意生活”——无论他是一位全职家长、CEO、音乐人，还是一位零售商、演员、社交媒体经理、僧侣……

如何发挥自己的创造力，重新定义并想象自己的生活？对于我和芭芭拉而言，这是一个无法回避的话题，而其中的道理我们永远也说不完、道不尽。芭芭拉全名叫芭芭拉·马克斯·哈伯德，是一位著名的“未来学家”，一直在积极地宣扬着“演化潜能”。我是一名编剧和制片人。所以，从某种意义上来讲，我们俩都是讲述故事的人——我们都热衷于记录全人类的“故事”，想要参透这个“故事”未来的情节走向。在这个涉及全人类的“戏剧”中，每个人都扮演着一个至关重要的“角色”。

在过去的35年中，我的职业生涯一直沿着特定的轨迹行进。在很早的时候，我就已经理解了这条轨迹的“内涵”。一路走来，我制作过许多电影——《梦幻成真》《风雨哈佛路》《圣境预言书》……在制作这些影片的时候，最重要的事情就是弄清楚创意的运转方式，尤其是厘清创意和“意识”之间的关系。实际上，我们必须“培育”自己的创意，否则我们将无法从生活中发现快乐和惊奇。如果你愿意投身于“创造进程”中，创意就会来到你的面前，并赠予你大量的“奇迹”。

最近几年，我在许多不同的地点——电影片场、“创意研讨会”和许多全国性的活动——都讲到了自己的这些想法。但在那天下午的会面中，芭芭拉对我说：“如果有一些有趣的想法，就和大家分享吧！大多数人和你不同；他们并没有意识到自己是历史舞台上的‘演员’，更不了解关于‘创造’的种种玄机。每个‘演员’都需要一个老师——他们应该得到一些帮助和指导。”

芭芭拉的话提醒了我。是时候写一本关于“创造”的书了。尽管我依然热爱着制片工作，但是在那个时候，我忽然意识到，比起一味地制作电影，我更应当去做一些力所能及的事情，帮助他人更好地扮演自己的“角色”。

但是，在那个关于人类、生活的“戏剧”中，没有任何一个“演员”手握“剧本”。我们只能一边前行、一边摸索，才能塑造出自己的“角色”。我们必须更加深入地了解“自我”，才能弄明白自己想要创造什么，以及为什么想要进行那种创造。

创造——一种特殊的大脑状态

当我们说自己“想要创造”的时候，我们真正想表达的是：“我想要改变一些东西，想要让它们变得更加美好（更加安全、更加高效、更加可持续……）。”换句话说，所有的“创造”都来自于我们的“渴望”——渴望自己能够对世界产生影响。从这个角度来讲，要想有意识地进行“创造”活动，就必须使大脑处在一种特殊的“渴望状态”中。

有一个小故事讲述了这种“大脑状态”。

在好莱坞的环球影城，一名导游走到了一个露天的片场。在那里，三个工匠正在刷墙。

这名导游问道:“你们在干什么呀？”

第一个人说:“你觉得呢？我当然是在刷墙了。”

第二个人说:“我正在谋生。”

第三个人从头到脚都是涂料。她望向天空，自豪地说道:“我正在制作我们的暑期大片。”

在第三个人的头脑中，出现了一幅更为宏大的“图景”。正是凭着这份对于宏大“图景”的“渴望”，她成了一名真正的“创造者”。

来自“真正事业”的召唤

我曾经有一条养了很多年的狗，它的名字叫西里。当我们一起散步的时候，西里总是拉着我四处乱跑乱嗅，试图发现那些看不见的神秘“痕迹”。而依据这些“痕迹”的指引，它就会在附近发现一些新鲜有趣的事物。在我的眼里，西里的这种行为恰到好处地诠释了“什么是纯粹的创造力”。它把鼻子紧贴地面，热心地追寻着那些神秘的“痕迹”——这种无意识的“追寻”当然是出自它的本能；而这一切和人类的“创造”极为相似。人们要想有所创造，必须主动响应神秘“痕迹”的“召唤”，从而在平凡的生活中，敏锐地发现各种“创造”的“可能”。

总之，这只漂亮的小狗，正在用自己的方式，在一条伟大的道路上行进。它始终跟随着“痕迹”的“召唤”——尽管它也不能保证，在“痕迹”的指引下，自己最终会到达哪里；但它很明白，只要坚持下去，自己就一定会发生改变。

实际上，我们对于自身的处境，有着强烈的感知能力。当我们投身于创意工作的时候，当我们跟随着那些“踪迹”并响应它们的“召唤”时，我们能意识到，自己正在一条正确的道路上行进；而当我们和那些“踪迹”失去联系时，我们也能意识到，自己偏离了正确的“轨道”……

本书的目的，就是帮助你找到专属于自己的“痕迹”，并且听从它们的“召唤”。它们能够引导你进行真正的“创造”。其实，每个人在降临到世界上时，都背负着一个独一无二的目标或使命。这个独一无二的使命就是所谓的“痕迹”，也可以称作“真正的事业”——它是我们生活的核心，也是进行创新的关键所在。苏菲派诗人鲁米就曾经对“真正的事业”做过一番阐述：

> 在这个世界上，只有一件事情，我们永远不可以忘记。假如你记住了这一件事，即使忘记了其他所有的东西，也没有什么好担心的；如果你完成了其他所有的事情，却唯独忘记了这一件事，那么，你就相当于什么都没有做成。
>
> 这就好比你受到国王的派遣，到其他国家执行一项任务：如果你到了那里，完成一百件其他的事情，却没有做完

那一项任务，那么，就相当于你什么事情都没有做成。因此，每个人来到这个世界，都是为了执行一个特殊的“任务”，这个“任务”就是他们的“目的”。如果他们不能完成那个“目的”，那么，就相当于他们什么事情都没有做。

我们之所以“生活”在世界上，就是为了完成那个“目的”。如果用“生活”去做其他的事情，无异于大材小用。这就好比你得到了一把无价的宝剑，却把它用作切肉的屠刀；或者是拿一个纯金的碗来煮萝卜，尽管一点金子就足够买一百个铁锅；或者是拿着一把珍贵的匕首去剖开葫芦，还要得意扬扬地说：“我很好地利用了这把匕首，我没有把它白白地浪费掉”……

——摘自《鲁米的谈话》，A. J. 阿伯里译

“真正的事业”并不一定就是你所做的工作。它可能包含你的职业，但那份职业既非它的“起点”，也绝非它的“终点”。

如果你并不清楚自己的“真正事业”究竟是什么，或者是你感觉到，那些与创意有关的“痕迹”一片混乱、难以辨认，那么，你就可以阅读本书中的理论部分，并按照书中的指导进行练习。这样的话，你就能从这些迷惑中走出来了。除此以外，当你感到自己的创意受到阻碍，而不得不停靠在创意高速路的紧急车道上时，本书会帮助你重启自己的创造引擎。

你拥有的创造能力远超你的想象。即使你已经非常善于创新，经过系统的训练后，你的创造力还是会有一个相当大的提升。在本书中，你将了解自己的价值取向，探明哪些事情对自己而言最重要；你将树立自己的创造目标；你将发现自己的创造能

力，培养自己的创造技巧。除此以外，你还会深入地了解自己的长处、才能和天赋。当你对这些事情有了一个全面、清晰的了解后，你就会找到自己“真正的事业”，并鼓起勇气、全身心地投入到自己的创新实践中去。

情绪能量：创造的助推剂

我们需要做些什么，才能在面对生活的不同方面时，都能够创造性地处理和解决问题？我们需要做些什么，才能找到创意的灵感？我们需要做些什么，才能使自己的创意打动世界？……如果想要做到这些，就必须挖掘自己的“热情”，打通“自我”和“热情”的“联系”。正是有了对于某种事物的“热情”，我们才会渴望投身于某项事业中，才会渴望借助自己的力量，使世界发生（哪怕是极其微小的）改变。

要想做到这些，你还需要进行深入地思考，探索“创造”的微妙本质。事实上，比起创造出的东西来，（与创意有关的）“能量”更加强大，不管你创造出的东西是什么“神器”。这种特殊的“能量”来自于我们的“思想”“感觉”和“情绪”，并能够在现实中引起“共振”。无论我们创造出了什么东西——一个非营利的组织、一部诗集、一段友谊、一种想法——它们都是这种“共振”的结果而已。

在本书中，你将学会理解自己的情绪，并且按照自己的意愿调节“情绪能量”。这种“调节”并非对于外来因素的“被动”反应，而是由内而外的“主动”调控。

怎样使用本书？

你的灵感越多，创意越多，生活就会更美好。

总的来说，本书是一个关于创造的操作指南。除此以外，它还会提醒你：你的创意目标（或者创意梦想）十分重要——无论这些目标（或者梦想）是什么。如果你知道了自己的创意目标，本书将会帮助你实现它们；如果你还不清楚这些东西，在阅读的过程中，你将会很快明晰自己努力的方向。

本书包含了各种类型的创意练习。每个章节都会自带一些练习，除此之外，我还在某些章节之间加入了“试一试！”的环节，作为常规练习的补充。每一个练习都可以帮助你发现一些新的东西。在它们的影响下，你的创意将蓬勃发展起来。

在练习的时候，要准备一个合适的本子，作为自己的“创意日志”。白纸本、横线本均可——只要你自己喜欢就好。

从第 1 章开始，你会发现，所有的练习都是通过扰乱“潜意识”和“意识”之间的“固有联系”来激活创造力的。它们试图以这种手段，来打破日常的思考方式和感觉方式；只有这样，新的东西才会出现。实际上，在日常生活中，我们习惯了直线式的思维模式，想用逻辑梳理事物之间的联系、用理性解释所有事情的缘由。但是，创造力并不会受到逻辑和理性的束缚，它来自一个没有任何约束和限制的“地方”——那也是我们要去的“地方”。

每个人都过着两种生活：“被给予”的生活以及自主创造的“生活”。前一种“生活”是我们的家长和监护人给予我们的。他们以自己为示范，向我们展示了怎样去生存、怎样去爱、怎样在

“自我”和世界之间建立起“联系”……在这种生活方式中，“空想”和“实用”之间划着一条清晰的界限——所有的“空想”都毫无意义，只有“实用”才是真正有价值的东西。他们并没有把这些东西刻意地教给我们。实际上，经过长时间的耳濡目染，我们自然而然就学会了这种生活方式，并把它融进了自己的血液中。

事实上，在我们父母的那一代，生活是完全安排好了的。找到一份工作，建立一个家庭，走过中年危机，然后悠然地退休，这就是他们的生活历程。然而，对于今天的大多数人来说，这种直线式的生活轨迹不再适用了。事物之间的联系变得复杂起来：在过去，某种“原因”的出现，一定会引发特定的“结果”；现在却不是这样——因果关系不再像过去那么直接。我们的工作不断变换，人际关系也如流水一般……总之，我们陷入了一片无法预知的混乱当中，在兴奋与忧虑的夹缝中不断前行。尽管我们能够随意地改造自己的生活，但还是有许多人艳羡着父母的生活方式，渴望拥有一个稳定的未来。

然而，我们可以鼓起勇气，适当地冒一次险——摆脱“被给予”的生活，然后开始“创造”自己的生活。我们所“创造”的生活不受惯例和习俗的束缚。除此以外，这种生活方式还会使我们的精神面貌焕然一新。我的朋友和同事就按照本书中的要求进行了各种练习，并在此基础上“创造”自己的生活。事实证明，无论他们的实际年龄有多大，他们都开始变得活力满满、身体康健。除此以外，他们不再只是着眼于自己的现状，而是开始关注自己未来努力的方向。而他们的运气也似乎变得很好——尽管运气和“创造生活”并没有什么直接的联系。

实践的力量

当你坚持不懈地进行这些练习的时候，你就逐渐开始了创意的实践。如果把创造比作一条艰险的路途，实践就是道路两边的护栏，在它的保护和限制下，你才能一直沿着道路行驶，朝着自己渴望的目的地前进，而不至于迷失了自己的方向，歪向中途的荒野里。换句话说，实践能够帮你把注意力集中在目标上。

而这种“专注”恰恰是创意存在于世的关键。如果没有实践，那些创造性的想法就会像风滚草一样被大风吹走；是实践使它们落地生根，并最终长成一株完美的“创意”。

为创造腾出时间

每天预留出一段固定的时间，来实践自己的创意。

你每天早上都要刷牙、梳头，这就是一种固定的实践。如果不那样做的话，你的牙齿会很快坏掉。对待自己的健康和容貌时，我们是如此的勤奋和认真，为什么不以同样的态度，投身于自己的创意实践中呢？总之，安排好自己的时间，把握好自己的生活节奏，使实践融入每天的生活中。

我们不仅要省出时间，还要学会“创造”时间。如果不去想方设法地“创造”的话，时间是不会存在的。实际上，当我们专注地追逐自己的创造目标时，奇迹就会发生——大量的时间被“创造”了出来。许多老人都清楚这一点。他们经常说：“（假设眼下有一项任务，）如果你想要尽快看到它的结果，就安排那些忙碌的人去做（这个任务）吧。”老人都很清楚，那些忙碌的人都是充满了热情的人。当他们满怀热情地投入到行动中时，就会忘记时间的流逝。而这就是“创造时间”的真正内涵。从这个角度上讲，时间是创造的“盟友”，它可以根据你的需要，加快或者减缓流逝的速度。

那么，在什么样的情况下，人们才能真正地“忘记”时间呢？举一些例子：你可能热衷于种植郁金香，或者喜欢为自己的网站编写副本，或者沉浸在对于其他事物的“狂热”中。当你从这份“狂热”中回过神来，几个小时早已经悄悄地溜走了。就这样，你暂时中断了自己和时间的“联系”；而“中断联系”的结果就是，你将取得极为丰硕的成果。

我们和时间之间的“联系”并非是一成不变的。它比我们想象的要更加活跃多变：我们可以随时中断“联系”，也可以随时调控时间的流逝速度……因此，我们可以利用自己的“热情”和“专注”，与时间发展出一种全新的“伙伴关系”，以便更好地把握时间、使用时间。

打造自己的“创意工作区”

真正的“创造者”和“伪创造者”之间有什么不同？

他们对于“创造”的“投入”程度不同。

因此，我们要打造一个特别的“工作区”，使自己每次踏入其中时，都能快速“投入”到创造中。

其实，只要在自己原有的工作环境中，简单地增加一些“细节”，就可以使自己拥有一种“想要进行创造”的情绪。这里提供了一些可供参考的方案：

■ 播放自己喜欢的音乐。

■ 点燃一支蜡烛。

■ 摆放一些鲜花或者一株植物。

■ 把空间整理得井井有条。

■ 打开窗户，让新鲜空气在室内流动。

■ 增加一盏台灯，提升整个空间的亮度。

■ 在创意空间里摆放一件特殊的物品。这件物品要能代表你对于创意的“投入”。它可以是一块石头、一枚水晶，也可以是一件艺术品，如果有哪个人能够激发你的灵感，也可以摆上他的照片。

你的创意助手

把本书看做你的创意助手（或者一个创意的资源宝库）。你可以从头到尾一页不落地把它读完，也可以随意翻开一页来获得一些灵感和启示。

本书包含了我对于创造的全部想法，并列举了一系列的创造法则和创意技巧。尽管这些技巧对我的创意生活产生了不可估量的影响，但它们并非都是我的原创。实际上，一部分技巧是我从其他老师那里学来的。有些老师的名字我仍然记得（因而在本书中有所提及），但另外一些老师的名字我记不清了。无论如何，我都很感谢这些技巧，以及提供了这些技巧的老师们。

我衷心地希望，通过阅读本书，你能够意识到，创造过程并非像自己想象的那么神秘，而且如果正确地利用这一过程，你也将会得到远超自己想象的丰硕成果。

第1章

克服惯性思维的制约

创新是一种学习的过程，在此过程中，创新者既是老师，也是学生。

——比阿特丽克斯·波特

创新和每个人都密切相关。但是，传统观念认为，创新只是诗人、画家、雕塑家、音乐家以及其他文化人才能拥有的独特天赋，而创造力也只能在少数几个领域发挥它的效用。

我对此却并不认同。在我看来，一切都是创新。可能你对于设计一个喜剧桥段、创作一部交响乐或者一部实验性的戏剧作品并不感兴趣，但你一定会想要营造一段亲密和谐的关系、养成健康的生活习惯，或者是发挥自己的本领，做一件感兴趣的事。其实，在当今的文化语境中，创新就隐藏在这些普通的事务里。也许有时候你会陷入困境、你会情绪低落，但创造力依然在你的身体里涌动、翻腾。我们都是创造者，我们无时无刻不在创造。如果我们意识到了这一点，一切都将完全改变。我们会发现所有的事物都开始变得重要——我们的想法、感受、信念、言语、选择和行动，都将成为我们开创生活、塑造生活的依靠和凭借。

一切都是创新；我们永远走在创新的路上。

变成一个解决问题的人

重视创新的另一个原因在于，在日常生活之外，创新仍然发挥着它独特的作用。

我们生活的世界正在飞速地变化着——人类好像在打着一场没完没了的比赛，赛程已经进行了四分之三，自家队伍的比分却远远落后，获胜的希望极其渺茫。因此，在这个日新月异的时代，为了顺利应对诸多挑战，有效解决棘手问题，我们必须唤醒自己的创造力。我们需要革新应对手段，培养新的技能；我们需要拓宽思维，摆脱过时经验的束缚——不管是在商业、政治领域，还是在日常生活中。

这一切都需要创新教育。创新使我们开始关注新的可能性，从而帮助我们摆脱深受已有经验束缚的思维模式、感知模式和行为模式。而一旦有了创意的引导，所有的人和事就不会再落后，我们自然能赢得最终的胜利。

幸运的是，我们都可以成为"大规模创新性武器"。因为创新是每个人与生俱来的权利。现在，诸多问题的解决之道正在酝酿，而其中一些必将出自你们之手。

首先，弄清创造力受到束缚的原因，并且了解摆脱束缚的方法，这一点十分重要。

> 我们都能成为"大规模创新性武器"。

从心理学角度认识创新

关于创新，一个普遍的说法是：心理中或者思想中的“冲突”是创新的源头。我无比认同这一观点，那些在娱乐业工作的朋友和同事也是如此，尤其是那些喜剧演员。他们说，“要不是靠着我的大脑活动（来提供‘冲突’），恐怕创意早就枯竭了。”

弗洛伊德在构建“（心理）冲突理论”方面颇有建树，但是这一理论认为“冲突是一切行为产生的内部原因”，因而在这一理论框架下，人类仅仅是（与“冲突”有关的）神经活动的表达载体而已。在弗洛伊德之后，卡尔·荣格认为，创意具有二元性：它既有个人化的特点，又与存在于无意识中的、反映了人类集体经验的“原型”紧密相连。“原型”作为一种普遍的心理模式，超越了时间和地点而存在——它包含了人类集体经验中的原始能量。那些被广泛认可的“原型”包括爱人、英雄、战士、法官、艺术家等。荣格肯定了“艺术家人格”的存在，但他认为“艺术家”更像是一种“工具”——存在着一些更为强大的力量，支配着他进行艺术的表达。

在需求层次理论中，亚伯拉罕·马斯洛将创新的需求放在最顶层，也就是说，创新的需求位于住所、安全、爱与归属感和自我尊重等其他需求之后。在这个理论模型中，创新这一需求处在最高的“自我实现”层次——只有在其他需求得到完全满足的情况下，人们才能理解这种高级的需求。我当然明白马斯洛为什么要优先考虑狩猎捕食而非围着篝火跳舞；但在我看来，跳舞会使人的创造力迸发，而一次成功的狩猎恰恰需要这些创造力来规划和布局。保持自己对于创意的渴望，才能实现创造力的涌流；而有了足够的创造力，各种目标才能得以实现，那些“低级”的需求才能得到满足。跳舞本身就是一项极富创造力的活动。只有做一些富有创意的事，才能使自己摆脱思维惯性的束缚。

我们确实应该尝试一下。

只有做一些富有创意的事，才能使自己摆脱思维惯性的束缚。

毕加索说，创新是一种毁灭。创新首先会粉碎我们的惯性思维，摧毁我们未经检验的自我信念，消灭我们的主观臆断。而这些被粉碎、被摧毁的东西，本是我们认为理所当然、不证自明的“常识”。

我经常自我反省——我到底把多少事情认为是理所当然，到底在多大程度上受惯性思维的制约。我也要求你做同样的事情。

如果你为我画一个来自另一个维度的外星人，你可能会创作出一些很棒的、面目极为怪异的东西；但它身上仍然会有一些人类的影子——像从《星球大战》的酒吧里走出来一样。这是极有可能发生的。这样画当然一点问题都没有，但是，为什么不画一些看上去完全不像生物的东西呢？

想象力的结构化

我们往往按规矩办事，是因为那些特定的规矩和思想方法流淌在我们的血液中。实际上，家庭、同辈、学校、电视和宗教共同塑造了我们；电影、电视、歌曲、小说——这些由他人提供的艺术作品对我们影响颇深——这些作品表现和定义了幸福和苦难，从而为我们的想象力划定了边界。有人将这种现象称为“想象力的结构化”——在潜移默化中接受别人的思想、感受、人生信条和价值观念。我们的世界观只是二手的；只是在通常情况下，我们无法意识到这一点。

如果想象力的结构化是进行创新的主要障碍，那么我们应该怎样克服思维制约并进行创新呢？首先，我们需要了解思维制约的影响。让我们来看一个例子：

此时此刻，无论你坐在什么地方，将你的右脚抬离地面大约几英寸远，然后，让它按顺时针方向转动。与此同时，抬起你的右手，在空中写出数字“6”。

到底会发生什么呢？你的右脚开始按逆时针方向转动了，对吗？

再试一次。每一次会发生同样的情形！

大脑工作模式——新模式和旧模式

上述练习之所以会发生那种情况，与大脑的工作模式息息相关。从本质上讲，我们的思维模式、感觉模式和行为模式都只是一些特定的神经活动；而这些神经活动早已内化为脑化学的一个组成部分。当我们不断地重复这些模式时，相同的神经通路被反复激活。而根植于这些模式中的一些东西——对于“创意”和“自我”的固有见解，就得到了不断固化和加强。

这一道理在商业领域也同样适用；一些公司的“创意模式”就是如此形成的。“创意模式”是企业文化的一个重要部分，尽管许多公司拥有所谓的“企业文化”，并以此为荣，但这些文化实际上也只是体现了这个公司长久信奉的价值观和根深蒂固的应变之道而已。

战后的日本就是一个极好的例证。“二战”结束以后，日本的厂家将生产重心由军用物资转向民用物资，他们不仅注重提升产品质量，而且将所有的组织过程都进行了优化。电子和汽车的制造工艺得到有效革新，开启了日本制造走向美国的时代。其中的核心理念——“质量革命”，就是通过提升产品品质来达到降低成本、提高生产效率，进而提升市场份额的目的。尽管这种理念突破了既往的思维模式和行事方法，但它只是对于过去实践经验的一种提升，在本质上并无巨大飞跃。因为这种理念建立于已有的知识框架之上，而我们既有的知识也仅仅是所有可能性的一小部分而已。

真正完成从旧领域到新领域跨越的，是从邮寄信件到电子邮件的转变，是从利用金属板条进行加工到使用 3D 打印技术进行生产的转变。它们不仅仅是小小的优化或创造性的改良，而是真正的颠覆性的进步——我们把它称为“革新”。

所谓“革新”，就是发现已有事物之外的东西——也许是一项新发明、一家公司，也有可能是一段婚姻或一个真实的自我。我们受想象力结构化的限制而错失了革新的机会，是因为这种思维模式在头脑中已经深深扎根；但我们仍然能够采取不同举措，改变大脑的化学环境。在处理自己原始的思想、信条、选择、决定、态度、感受和情绪的时候，如何摆脱既有思维模式的制约、如何重新组织和排布自己固有的神经网络以生成新的创意……这就是本书的主要内容。你会以一种极富趣味的方式，通过讨论、练习，对这些原始的神经活动进行处理。如果我们能有意识地通过练习养成新习惯，新的大脑工作模式就会随之形成，而旧的模式也会逐渐消退。

马尔科姆·格拉德威尔在他的书《异类:不一样的成功启示录》中讲述了“一万小时法则”。格拉德威尔认为，掌握一项技能需要大量的练习：披头士乐队成立之初在德国举行现场演出，在4年的时间内累计演奏时间超过一万小时；少年时代的比尔·盖茨在高中时期接触电脑后，将一万多个小时花在了学习编程技能上。而所有的家长都清楚孩子们对数码产品的热爱——他们花在数码产品上的时间轻轻松松就超过了一万小时，技术水平也因此远超家长。

但是坚持不懈比投入时间更为重要。只有用心练习，才能取得卓越的成就。无论是学习系鞋带、开飞机，还是和别人进行有效交流，在反复练习一定次数之后，新的习惯和新形成的神经通路会帮助你将这些事情做到完美的境地。总之，集中注意力并围绕某个目标进行练习，你就能学会一项新的本领。这就是创新的一大奥秘，也是我们在本书中安排练习环节的主要目的。

揭开想象力结构化的真相——如何进行自我质询

作为创新者，只有深刻地认识到思维固化的危害，才有可能打破这种桎梏，重获新生。正如我们无法卖出不属于自己的房子一样，我们也不可能凭空摆脱想象力结构化的束缚——除非意识到，自己的思维确确实实被禁锢着。

只有认识到这一点，我们才能挖掘出更深层的潜力来。而若想提升这种认识，首先要做的，就是关注自己的想法与感受。

无论什么时候，一旦发现固化的思维抑制了自己创新的想法，就可以采取以下策略进行自我质询：

第一步：想出一个正在进行或者即将启动的创意性项目或目标。

第二步：关于这个项目或目标，你是否有一些个人的想法或感受，而且这些念头不断暗示着你“前路艰险”，并让你觉得痛苦不堪？

这些想法或感受是否会磨灭你的自信，让你对眼前的项目望而却步？

如果有的话，请简要地写下来。

____

____

____

____

____

第三步：用 10 到 15 分钟的时间思考以下问题，并把答案写到自己的日志里：

■ 这些念头是来自于自己的内心，还是受别人的影响而生成的？

■ 对于自己不再确信的想法、感受或信条，是否仍然会选择坚持？

■ 如果别的想法更有意义，是否愿意放弃已有的认识、感受或态度?

经过这项训练，你会更加灵活地处理各项工作，而非条件反射式地——被动地——应对各种变局。你会意识到，之前以为不可更改的、思维上或行动上的“惯例”也能够容许其他选择。

不久之前，我接到了一个同事的电话。我们曾经共同参与一个写作项目，其中挑战颇多，而整个项目也多次差点夭折。因此，为免去不必要的麻烦，我下意识地想要挂断电话；但是，在一番自我质询之后，我终于意识到，这些担忧只不过是过去的经历在心里留下的阴影而已。

我愿意放弃这些无聊的忧虑吗？当然，我愿意。

于是，我赶快接了电话，最终结果不错。

如果你想要依照已有的（生活事务上的或个人情绪上的）经验去处理某些事情，也没什么大问题。因为这两种选择——无论依从经验还是进行自主判断——并无好坏之分，我们只要确定最终的选择对自己是否有益就可以了。另外，在以后的章节中，随着事物评价标准（价值判断标准）的逐渐明晰，你会更加深刻地理解什么是更有意义的想法（详见第三步）。

关于创新，有一条颠扑不破的真理：进行正确的价值判断是成为一名杰出创新者的重要前提。只有持续关注自己的价值观念，不断提高自己的价值判断能力，才能使自己的创新能力得到真正的提升。

第 2 章

走进创意思维

不要试图问为什么——在爱情里没有为什么；没有像样的理由，没有准确的诠释，而爱情中的诸多问题，也没有恰当的解决之道。

——阿娜伊丝·宁，《亨利和琼》

我到住所附近的一家商店买咖啡。在排队的时候，身旁站了一个男人，他的妻子购买了一些儿童用的沙滩玩具桶。我们闲聊起来。他告诉我，他们都是西雅图人，现在驾车从圣芭芭拉赶往洛杉矶。后来，他提到上周发生的一件惨案：一个年轻人在加州大学圣芭芭拉分校附近肆意杀戮，造成 6 人死亡，13 人受伤。

我原以为他会说某个朋友的孩子在袭击中不幸遇难。

“不，遇难的是我的孩子。”他说。

“我们要去迎回她的骨灰，把它洒在太平洋里……我不知道为什么要告诉你这些，”他不停地说，“感觉倾诉出来要好受一些。”

我心里很乱。这个悲伤的父亲到底想要表达些什么？我试图用逻辑和理性分析这一切。但在这种机械的理性思维之外，我却感知到了一些其他的东西。

我们的情感已经彼此相连——他的伤痛、他的父爱已将我心中的痛楚和爱唤醒。

在逻辑和理性之外，一些更为真实的东西——一种陌生的智慧——已在我的心底悄然萌发。

这种智慧和理性、逻辑绝无关联。

而我们所谓的创意体验，就存在于这种陌生的智慧和理性的思考之间。

智商！智商！——我们对于理性的眷恋

智商，简称 IQ，是经过一系列标准化智力测试后得出的一个分值，反映出人类主要认知能力的水平。这些测试能够评估我们的语言能力和数学能力，却无法涵盖其他形式的智力。因此，智商的分值高低，不能代表个体真实、全面的智力水平。

诗人沃尔特·惠特曼曾经说过："我宽广无垠，我包罗万象。"

在我看来，惠特曼所说的"万象"便是人类全部的"智力"——我们形形色色的能力，以及我们不同维度的"自我（意识）"。这些"自我"多彩纷繁，有些甚至在本质上互相冲突。

除了传统的逻辑和理性，所谓的"智力"还包括情绪智力、共情智力、音乐智力、运动智力、直觉智力和社交智力。而某些智力还和不同维度的意识息息相关，例如，儿童期、少年期和成人期的"自我（意识）""更高自我（意识）""未来自我（意识）""神秘自我（意识）""潜意识""无意识"以及"合一意识"，等等。

在大多数情况下，"自我（意识）"受到许多严格的限制——我们总是被各种习惯性的想法束缚着：

“这就是我所想的。”

“这就是我经常感受到的。”

“这就是我一贯的做法。”

“这就是我一定要成为的那种人。”

……

但是，如果我们意识到，自己除了逻辑和理性，还拥有一些别的“智力”，那么，我们的创造力才有可能在不知不觉间喷涌而出。这是因为，人类绝不只是各种身体构件的简单相加。同样的道理，智慧作为一个整体，是大于各个组成部分——不同类型的“智力”——之和的；实际上，在我们的头脑中，各种各样的“智力”进行组合、升华，最终才产生出无与伦比的创造力来。

想通这一点可能很困难：理性思维已经把我们的理解力与想象力完全地分离开。因此，这种看上去毫无道理的东西，自然就难以理解了。

从智商到创造商

智商是衡量我们逻辑能力和理性意识的重要指标，除此之外，人类还拥有一些其他的能力或智力，而这些才能与创造力密切相关。我把它们称为“创造商”（简称“CQ”）。无论你是否了解它们，都必须承认一点：正是因为有了这些天生的才能，我们才得以广泛地体察世界、深入地思考人生。

创造商永远处于流动变化中。它源自于（精神层面的）“高层意识”，反映了人类与事物“根本原理”的交互作用，是最原始的创造力的体现。

以下测试将会帮助你了解自己的创造商水平。

你会怎么办？——一个关于创造商的小测试

如果遇到以下这些情形，你会做何反应？在最符合自身情况的答案前面打上钩。如果两种反应都有可能发生，请选择那个最本能的反应。

你得知自己有可能会大发横财。

■ A：你会认真思考，究竟是什么原因使得这件事情在未来发生；如果这件事情不可能发生，背后的原因又是什么。

■ B：你惊叹一声：“竟有如此好事从天而降！”

你观看了一场精彩的魔术表演。

■ A：你想要解开其中的奥秘。

■ B：你沉醉在魔术的魅力中。

你在沙漠里发现一朵小花。

■ A：你很好奇，它为什么能在炎炎烈日下顽强地生存下来。

■ B：你静静地品味它的精致之美。

被蒙上了双眼后，你品尝了一种食物，嗅到了一种香味。

■ A：你努力去辨别这种食物或香味。

■ B：你细细品味着这种食物或香味。

你的朋友或家人向你讲述他们遇到的个人危机。

■ A：你想方设法帮他们解决这些问题。

■ B：你认真地倾听他们的遭遇。

你开始为自己的未来做打算——思考自己5年后将要去向何方。

■ A：你写下自己的目标，并且为此规划每一步的行动。

■ B：你试图幻想未来的情形：自己将和谁在一起、做着些什么事情；自己内心将获得怎样的感受或体验……

你被邀请加入一个合作项目。这个项目能够充分激发你的创造力，但是，你必须走出自己的"舒适区"。这意味着，你要在工作过程中使用陌生的方法，遵循全新的流程。

■ A：你会仔细权衡利弊，并认真考虑项目一旦失败所带来的负面影响。

■ B：你会静坐一段时间，并在项目继续之前，深入了解自己的内心感受。

据《晚间新闻》报道，外国发生了一场暴动。

■ A：你把电视调为静音，然后把冰箱里的食物扫荡精光。

■ B：你感到一阵恶心，试图通过深呼吸来缓解这种焦虑。

早上醒来的时候，嗓子疼痛，浑身难受，好像压根没合眼似的。

■ A：你想要弄清楚自己到底接触了哪些人，到底是在哪里被传染了病菌。

■ B：你意识到自己压力太大，应该休息一下了。

你的恋人突然给了你一个温暖的拥抱。

■ A：你会猜想他的目的是什么。

■ B：你明白了他的情意，一颗心也随之柔软起来。

数一数你的答案中 A 和 B 各有多少。B 的数量体现了你感知能力的高低。B 越多，创造商越高。

舍弃“创造智力”的代价

如果我们偏爱逻辑和理性、舍弃“创造智力”（与创造力密切相关的智力种类）的话，事情就会变得一团糟：一方面，个人的想象力将会崩溃；另一方面，我们的目光也会变得短浅，希望也将逐渐消逝。而这两者对于人类来说极为重要：长远的眼光能丰富生命的可能性，而希望则是把我们渡到彼岸的桥梁。

而现在，这种乱象已经初现端倪：我们依赖传统的智慧，恪守社会的规范，追随通俗的文化；我们从不异想天开，不能有所创新——我们只是随波逐流，人云亦云。我们的理想逐渐萎缩，连幻想美梦成真的勇气也一并失去；我们把眼光和期望拉得一低再低……真正的交流不复存在，所谓的对话沦落为各种教条的激烈碰撞。这一点在谈话节目中尤为突出：所有人的发言都极其简单粗暴，没有本质差别，权威们各执一词，观点极端，没有谁能够容许不同意见的存在。在许多类似的情形中，我们失去了同理心，无法真正理解别人、无法和他人产生共鸣。

这种想象力的缺失，是当今世界各种危机频发的根本原因。如果个人的想象力崩溃，“创造智力”过早衰落，革新与发现的空间就会被完全挤压，人类文明就会陷入完全停滞的境地。

> 要提升逻辑和理性之外的“创造智力”。

踏入全新的天地——发展我们的创造能力

我们正处在人类发展的十字路口，需要从一个过时的体系——一个重视绝对法则、偏爱可控成果的体系——跨入一个全新的、更具活力的动态体系中，并借此持续生存发展下去。这就是我们发展“创造智力”（或者是说，探索逻辑和理性之外的其他“智力”）的原因所在。

我们并没有舍弃逻辑和理性，但在充分发挥这两者的作用时，还要不断超越它们的束缚和限制。这种跨越非同小可，就像从木头做的西洋棋一下子转换到 3D 象棋一样。

在寻求创意和灵感时，一些公众人物将内心体验视为一种重要的来源。俄亥俄州国会议员蒂姆·瑞恩说过，冥想是他日常生活的一部分。冥想看似没有什么道理可言，却使他真正触摸到了自己的思想。而据演员安吉丽娜·朱莉所言，她在日常生活中也曾有过顿悟的体验。另外，在 2012 年 NBA 的总决赛中，勒布朗·詹姆斯在那次著名的暂停后，把自己的注意力从外部世界收回，并重新聚焦于自己的内心体验上。比赛重新开始，詹姆斯的状态得到明显提升。

这些公众人物就如何开启“创造智力”，向我们做出了一个完美的示范。

开启你的创造性思维

找一个安静的地方，坐定之后，进行几次舒缓的深呼吸。想一想自己手头上有哪些事务，或者将来打算实施些什么项目？这个项目既可以是切实可行的目标，也可以是看似不切实际的“梦之项目”，从中选出一个任务来。

闭上眼睛等待一会儿，使脑海中的任务完全进入自己的意识中。接下来，发挥自己的创造力，利用“感觉”与这个任务进行沟通。具体方法如下：

闻一闻

嗅觉可以唤醒人类的记忆，尤其是各种稀奇古怪、充满新意的梦境——其实，这些似乎已被忘却的东西，早就深深扎根在你的意识中。如果你的任务能散发出一种特别的气味，那该是什么气味呢？是野花的气味，还是刚印出来的书页的气味，还是外来香料的奇异气味，还是你配偶身上淡淡的香水味或古龙水味？

摸一摸

如果你可以触摸自己的任务，又会有什么样的手感呢？它的质地如何？是光滑平整，还是粗糙不平，还是像丝绸般细腻顺滑？是层层叠叠还是纤薄如纸？是暖暖的，还是凉凉的，还是摸上去潮潮的？

尝一尝

如果你可以品尝自己的项目，又会尝到怎样的滋味呢？伸出舌头舔一下。它是辛辣的，还是甘甜的？它会像柠檬汁一样使你神清气爽吗？它只有一种气味，还是由许多不同味道混合而成的产物？

听一听

如果你的项目带有声音，又会是什么声响呢？是一段旋律，还是沙沙的微风声，还是惊涛骇浪的声音？是交响乐的高潮部分，还是像蜜蜂一样的嗡嗡声？是震耳欲聋，还是低沉柔和？

在“孵化”自己的项目时，要想充分发挥这些（逻辑和理性以外的）智力的作用，就必须和潜意识进行密切协作。实际上，各种想法和感受一旦被激活，无论它们是真实的还是虚幻的，对潜意识而言都没有任何区别。在潜意识中，一切都是真的。这是因为，只有意识才会受到逻辑的约束，只有意识才能给经历烙上“背景信息”、做出真实与虚幻的区分。意识能够对现实进行过滤，并将其分割，从而确立各种事物的意义，使人们对自身的经历拥有控制感。而潜意识却与此不同——它包含了乱七八糟的各种事物：它记得你在 10 岁那年看到的菜单、8 岁那年打水漂的石子，以及你一生中看过的所有车牌号——总之，你在潜移默化中吸收了生活的每个细节。如果你能在瞬间想起这些细节，效果将极为震撼——就像达斯汀・霍夫曼在《雨人》中扮演的雷蒙一样，“学者综合征”使得他随时随地都能从潜意识中获取海量信息。

在这项训练中，一定要记住一点：潜意识是我们最亲密的伙伴。它是所有创造力前的守门人，我们必须与它结成同盟。我们要对潜意识进行不断地培养与探索，并全身心地投入到和它的交流中……

再次闭上双眼，想象任务已经完成。试着从不同的角度进行思考——每个维度的“自我”都会告诉你一些不一样的东西。关于这项任务，你的“自我”都想让你了解些什么？到底是什么因素使得任务顺利完成？让我们看一看“自我”所留下的只言片语吧。

自信的“自我”说：____________________

杰出的“自我”说：____________________

（内心）丰富的“自我”说：________________

“精神自我”说：______________________

儿童时期的“自我”说：__________________

“理性自我”说：______________________

“情感自我”说：______________________

其他维度的“自我”说：__________________

凭你的直觉作答。捕捉那些瞬间涌入大脑的图像、颜色、感觉、情绪、想法、灵感……把它们通通写下来。

采用这种方法，确实能为我们带来丰硕的回报。我曾经参与过一个电影项目；这部电影是由弗朗西丝·霍奇森·伯内特的小说《秘密花园》改编而成的。我曾和琼·舍克尔商讨过，怎样才能把其中一个人物塑造得更加真实可信。她建议我试着搜罗一下各种音乐作品，看看有没有曲子能够表现出这个角色的特点。这个点子给了我很大的启发。在深入了解这个角色之后，我收集了许多音乐、诗歌、照片和画作，希望通过它们表达出一些与角色相契合的感觉；在天然油脂中，我找到了能够唤起特定情绪的香气；我还发现了一些触感特别的纺织物……总之，我为演员搜罗了一个特别的资源库。

我想要做的，绝不是坐在那里，干巴巴地谈论着自己对于角色的看法，而是创造一个富有“感觉”的环境——在这个环境里，我和演员把各种感官都调动起来，去共同发现和塑造一个人物。

这种方法当然没什么道理可言。

在“孵化”项目时，如果仅仅依靠逻辑和理性，原本生机勃勃、充满创造性的任务和目标就会黯然失色。因此，不要选择这种思维方式。

试一试！智商 VS 创造商——从不同的角度看问题

第一步：选择一个历史事件，并分别从 IQ 和 CQ 的角度对其进行解读。例如，你会怎样解读人类首次登月或者宇航器首次登陆火星的壮举呢？

第二步：利用 IQ 层面上的逻辑和理性，对这个事件进行解读。换句话说，在结构化的惯性思维模式下，你会领悟到什么？例如，当你了解到登陆月球或者登陆火星的历史事件时，可能会为这些创举感到惊叹，也可能会联想到那些奋斗在一线的研究员们。正是由于他们夜以继日的工作，才有了这些光辉灿烂的成就。

第三步：从 CQ 的层面上进行解读。例如，对于“宇航器登陆火星”这件事，牧师可能会把它看作神迹；艺术家可能痴迷于星球的颜色和纹理，并把它们看作一种有待描绘的宇宙景观；小孩子可能会把这些星球看作天然的游乐场……发挥自己的想象力，为同一历史事件做出各种精彩的诠释。

走入思想和感觉的河流，用心灵触摸多姿多彩的世界……

第3章

创新的基础：创意能量

生而为人，则须超越自我，不断前进；存于天地，则须风雨共担，同舟共济。

——德日进

你之所以会翻开本书，一定是因为有某种力量在驱使着你：一个目标、一个梦想，或者一个强烈的愿望。你想要创造出一些东西，并为此一直在寻找灵感、摸索方法。当然，你也时常会发出各种感叹：“要是……就好了！”

要是我有大把的时间就好了。

要是我有充沛的灵感就好了。

要是我的目标始终如一就好了。

要是我的工作环境充满创意的氛围就好了。

要是我有足够的钱去运作自己的项目，或者能够请上几个月的假，好好打理一下这个项目就好了。

要是上天能够降下好运，帮我实现愿望就好了。

如果你想要进行创新，却一直停滞不前，那么，会是什么原因阻碍你采取进一步的行动呢？是缺乏目标，还是时间不够？……这些问题当然令人头疼；但实际上，真正的原因往往在于人们对于创意所需能量的误解。这些能量分为“阳性”和“阴性”两种，分别是“行为”和“本质”的源泉。

行为和本质的区别

无论男性还是女性，身上都会同时具有阳性能量和阴性能量。这两种能量共同创造了世间的一切。“行为”和“行动”是阳性能量的主要特征。在通常情况下，这种能量会在各种具体的“行为”中得到直接释放，但有时也会以一种隐晦的方式表达出来。例如，了解事物、探索内涵以及寻求意义——这些看似与“行动”不搭边，背后却都有阳性能量在起作用。无论是制造铅笔、建起摩天大楼，还是制作电影——世间所有的一切都是阳性能量推动、促成的。它建构了事物的框架，促进了事物的发展；它把世界细细雕琢，把一切布置妥当。

“本质”则是阴性能量的重要特征。想象能力和感觉能力，以及对于想象内容和身心感受的接纳与包容，都属于阴性能量的范畴。阴性特质包括“感知”和“构想”，它们与阳性特质相伴相生。实际上，“感知”和“构想”能够孕育一切的**可能**——行动的可能，成功的可能，发展的可能，撰写商业计划、编写书籍的可能，建立友谊的可能，创造新事物的可能……进一步说，对于这些与阳性特质紧密结合的阴性特质而言，它们所表达的，实际上是人类的各种**能力**：行动的能力、创造的能力、表现的能力、发展的能力、建立秩序的能力……而人类创新的最原始动机，就隐藏在这种阴性能量中。

所以，如果你想要进行创新却一直毫无进展，就要考察一下前方到底有什么障碍了。这种障碍往往是“沙文主义”。

何为沙文主义？对创新影响如何？

这里的“沙文主义”并非指代性别上的“沙文主义”（“阳性”比“阴性”更加优越或卑劣），而是一种系统性的无序状态。这种紊乱固化了结构化的想象力，从而对创造力形成了强有力的制约。

“沙文主义”主要表现在对意愿和行动的崇尚，以及对想象力和感受的忽略。每当我们开始重视阳性特质、贬低阴性特质时，“沙文主义”便开始产生效用了。我们已经说过，阴性特质是创新最原始的能量来源。所有的创意都始于这种能量——始于对各种“可能”的认知、始于对“感受”和“想象”的强烈渴望，始于我们拥有的各种潜能。阴性能量是孕育世间一切事物的温床。如果人类对自身的阴性特质抱有敌意，创新也将无从谈起。

现在，无论男人还是女人，个性中的阳性特质都严重超标。人们也因此纷纷陷入了想象力结构化的窘境中。当我们开始认为行为比本质更加重要时，当我们开始对本性中的阴性特质有了一丁点儿的不耐烦时，心中那些最原始的创造力就会大幅衰减。这种衰减看似寻常，但若想将其恢复到原有水平，就好似逆流游泳，难度实在不小。

只有同时培育两种特质并加以协调与平衡，才能产生巨大的创造力。

情绪：开启创新大门的钥匙

人类的情绪属于身心感受的范畴，是阴性能量的重要组成部分。它好似一口抽象的“井”——我们从这口井中汲取无限的创意。若是井太浅，人们就有可能打不到水，继而陷入无边的迷茫、倦怠与烦恼中；只有井很深的时候，把水桶放下去，才有可能提上来满满一桶的想法、直觉、灵感……而这些都是引发创意的必要条件。

为了更好地发掘带有阴性特质的创造力，请试着识别出**来自身体的所有感觉（情绪）**。比如，当你陷入狂热与兴奋时，你会感应到身体中的震颤；当你倍感孤独或者自暴自弃时，你又会体验到无比的空虚。这些感觉并非大脑活动的产物，而仅仅是“肉体”的一些感应而已。

在过去的很多年里，我所以为的感觉其实是一些强迫性的想法而已——它们仅仅反映了我心理上的焦虑不安，而非来自身体的、真正的感觉。我可能会说，自己感到担忧、恐惧或者兴奋，但实际上，我只是在关注那些有关担忧、恐惧或者兴奋的“念头”而已。那时候，我被诸如此类的思想困住，陷入了困惑与迷惘中；除此以外，我还在反反复复地思忖着过去和未来，并为此浪费了大把的时间。

有一段时间，朋友得了重病，一只眼睛逐渐失去了视力。他本来身体就很差，这次的病也不知道会发展成什么样子。我对此很是担心，整天胡思乱想，身体却没有什么痛苦的感觉。好在我有一个善解人意的妻子桑迪，她感受到了我的悲伤，试图引导我平复心情。

她让我放松身体，问道，“你的身体有什么感觉？”

起初我没有任何感觉。

“我注意到，你只是勉强在呼吸而已。”她说。

她是对的，我呼吸得很浅。我试着进行了几次深呼吸。当空气充满我的肺部和膈肌的时候，我突然意识到，在大部分时间里，我呼吸得都很浅。

“现在你的身体有感觉了吗？”她问道。

我的身体似乎有了一些变化：脖子变得僵硬、胸口憋闷不堪，点点酸痛遍布全身。调整呼吸之后，我突然有些恶心——看来我的胃也“感应”到了朋友的病痛！这一刻真是意义重大：我开始意识到我的“感觉”存在于身体里，存在于那块我从未涉足的土地上。我静静地坐在那里，感受着身体里的一切，突然觉得以前的生活实在是诡异无比：自己明明住在一具躯壳里，却从未真正地了解它——这真令人遗憾啊！

“沙文主义”将我们和自己的感觉分离开来。而当我们重新打通身体的感觉时，被冷落的阴性能量也回归到我们的视野中。随着感觉的再度活跃，创造力也恢复了勃勃生机。其实，正如凿子之于雕塑家一样，情绪（感觉）也是人类进行表达的重要手段啊！

正如凿子之于雕塑家一样，情绪（感觉）也是人类进行表达的重要手段。

创新的驱动力

创新有两大驱动力：灵感和行动。

灵感像是一件来自域外之地的礼物，它产生于我们现有的认识、思想、情感之外，产生于我们现有的“自我”（详见第 2 章）感知之外。换句话说，到目前为止，仍有某些维度的“自我”不为我们所知，而灵感则是这部分“自我”赠予人类的宝贝。

对于创新而言，同样重要的还有“意愿”和“行动”——人类天性中有关“行为”的那一部分。正是因为这一部分天性的存在，才诞生了所谓的技巧、工艺，而创造力才能因此从虚幻化为实体，呈现于人们的生活中。大到打基础、建联系、定计划、搞投资，小到每天的开灯开门，要想完成这些大大小小的事务，都离不开当事人的强烈意愿和脚踏实地的行动。

与心智有关的思考能力和认知能力是行使意愿的基础。灵感有时也会涉及心理活动，但在更多的情况下，它是依附于人体中的感觉而存在的。

我们对于感觉知晓得越多，对于创意的理解就会更加深刻。

厄洛斯：两种能量的结合

意愿和行动的活跃多变，想象和情感的接纳包容——两种特质共同形成了创意的基础。而将阴阳两种特质加以组合，就会生成一种强大的力量——厄洛斯。它为思想和情感注入新的活力；它唤醒麻木的身体，打开封闭的思维，启发蒙昧的心灵。正因为有了厄洛斯，我们才能找回被遗失的那部分“自我”，并收获喜悦和平静；正因为有了厄洛斯，人类才会闪现出灵感的火花……

要是想用一个比喻来描述创新的原理，传说中的“因陀罗的网”最适合不过了。实际上，我并不清楚这张网究竟什么样，我只知道，它和印度教、佛教有些联系，并且表达了一种“互联”的含义。后来，我在谷歌中搜到一幅图：在因陀罗的宫殿上方，悬挂着一张光辉灿烂的、向四面八方无限延伸的大网。每条纬线的内侧都缝有一颗闪闪发光的珍珠，每一颗珍珠中又都映有其他所有珍珠的影子。换句话说，只要以其中一颗珍珠为媒介，便可以接触到无限多珍珠的映像。因此，每一个点都不是孤立存在的；它们都和“无限”有着紧密的联系。

阳性能量总是会将整体切割成几个部分——这是由意愿和行动的本性决定的，毕竟，规划、实施任何一项行动时，都需要循序渐进、逐步进行，没有谁能够一蹴而就。但是，正像因陀罗的珍珠一样，世间的一切既是相互分离的，又是相互联系的。而感受这种联系，正是阴性能量的专利。只有走入阴性状态，才能使自己和“无限”达成真正的交流与沟通。就这样，我们依靠着闪烁的直觉，凭借着尚未与“行为”合流的原始创造力，才摆脱了结构化想象力的限制，把创意从情绪之井中源源不断地提上来。

就这样，靠着阴阳能量的交互作用，一个特殊的能量场得以形成：在这个能量场中，世间的一切都被紧密联系在一起。厄洛斯就是这个能量场，而创新则是它带给我们最珍贵的礼物。

试一试！启动一个创意项目

你想要创造些什么呢？写一首歌？编一本书？还是试验出一个食谱？还是在自己的亲密关系中，采取一种新的行为方式？你想要启动些什么项目呢？

如果你符合以下任意一种描述，就请加入到训练中来吧！

1. 你知道自己想要创造什么，但缺少足够的灵感和动力来重启自己的创意引擎。

2. 你不清楚自己想要创造什么，却感到创意之火在身体内熊熊燃烧。因此，你打算找出一个合适的创意项目来。

启动创意项目——从训练开始

放松头脑

首先，放松身体，不去想任何事情，让大脑休息几分钟。

我们即将摆脱“结构化想象力”的束缚，踏上一段愉快的旅程。

随机选择（我的秘密武器）

接下来，将注意力转移到周围的环境中，随机选择一些事物。这个方法十分有趣；它可以帮你走出结构化想象力的焦土，并使创意之泉喷涌而出。

以下是我寻找灵感时所用的方法。按照自己的意愿，尽可能多地尝试一下这些手段。当然，你也可以发明一些属于自己的方法。

在同义词手册或者词典中，随机翻开一页，找到第八个单词。你看到了哪个单词？排水管（Drainpipe）？水仙（Daffodil）？还是妨碍立法投票的冗长演说（Filibuster）？

随机打开《赫芬顿邮报》的一个版面，找到第 13 幅图。那幅图是关于什么的？跑车？电影明星？还是一只小猫？

走出大门，寻找 4 样包含橙色的物品。第 4 样东西是什么？一棵果树？一辆自行车？还是一个反光的锥形路标？

翻开一本杂志到第 10 页。那一页的右上角是什么？一枚钻石戒指？一朵云彩？还是一则标语？

搜索“克雷格列表”的“工作”页面，找到倒数第 20 个工作项目。这项工作是提供什么服务的？售后服务？管道疏通？公关文案？还是保险业务？

寻找“联系”

如果你已经有明确的创意目标，请思考一下自己的目标和这些随机的选择之间到底可以建立起怎样的联系。

如果目标有待明确，就看一看这些选择能够引发怎样新鲜有趣的点子。哪一个单词能够激发你的灵感？哪一个标志让你觉得新鲜？哪一幅图片让你眼前一亮？

无论你属于哪种情况，都要充分发挥想象力，为这些稀奇古怪的单词、符号、图片想出各种精彩的诠释。如果常规的想象满足不了需求，还可以换种方式进行想象和思考。比如，按字面意义解释自己选择的那些文字；把那些选择当成某种隐喻，并对这种隐喻进行进一步的解读；使用横向思维和反向思维，充分发挥自己的联想力……总之，跟随自己的想象力，尽可能地从头脑中挖掘出一些新鲜有趣的联系。

在许多情况下，有些想法或联系看起来不符合情理，却有可能为你带来最为奇妙的灵感。所以，不要有所顾虑，尽情地发挥想象吧！

投入时间

一旦明确了新的创意目标，或者针对现有的目标，重新获得了灵感，接下来要做的，就是“创造时间了”——从计划表中匀出足够的时间，保证目标顺利完成。而维持足够的时间投入，是实现创意目标的基本要求。

综合考虑生活中的所有事务，对时间进行统筹安排。首先，单就这个项目而言，你最理想的时间安排会是什么样的？每天 20 分钟？每周 5 天，每天 1 小时？还是每周花上一整天的时间？把任务安排在上午、下午，还是晚上？其次，这种时间安排会不会和其他事务相冲突？……

把所有可能的安排方式都考虑一遍，选出一个能够长期坚持的方案，确保自己的时间不会被任何事务意外打断。

下一步做什么？

创意项目已基本启动完毕，接下来就要开始行动了。这种行动可能是发生在物质世界的、真真切切的行为，也有可能是思想上的转换与蜕变。行动的概念包括但不限于以下方面：搜罗各种物质资源或调取精神资源（比如信任与忠诚），处理一些极其琐碎的事情——打一个电话、安排会议时间、清理书桌……无论下一步该干什么，都要尽快处理完成，最好在 24 小时之内把事情解决掉。

进行一次更加舒缓的深呼吸，然后问自己一个问题：

我下一步该干什么呢？

第4章

身体是创意的发源地

对人类而言，需要熟知和了解的东西其实很少，需要感受的东西却太多太多。

——卡里·纪伯伦

情绪好似一口抽象的“井”——我们从这口井中源源不断地汲取着各种创意。实际上，我们的情绪并非大脑活动的产物，而是来自于我们的身体。我以前对此毫不知情，直到那次去巴厘岛旅行，才完全领悟到这一点。

在那里，我、我妻子桑迪，还有一帮朋友参观了一座寺庙。庙里住着一位术士，依靠祷告为人们祛除病患。桑迪好奇心重，第一个坐到了术士的旁边。那个术士触碰了她身体上的穴位，告诉她，她的思想极富激情，身体却不是很快乐。为了让她的身体和头脑一样“高兴”，他要求她先微笑一下，然后把微笑“吞咽”下去……

我远远地望着桑迪。在她“吞下”微笑之后，这个术士再一次触碰了她的穴位。第一次触碰时，这些穴位很痛，现在却一点也不疼了。桑迪第一次感觉到，自己的头脑和身体之间建立起了情绪联系。从此以后，我也把这个微笑训练应用于实践中。

除了情绪以外，创意也源自于我们的身体。换句话说，身体是创意的发源地。

思想和感觉共同形成了所谓的情绪。这种情绪携带着生机和活力，在身体里随意游走。我们无时无刻不在感受着它的振动：我们谈话、唱歌、祈祷、写作；我们弹着大大小小的乐器，跳着绚丽华美的芭蕾；我们“丁零当啷”地把奶油打出泡；“咔嗒咔嗒”地点着鼠标；我们听着心脏发出“扑通”的声响……这生机勃勃的一切，都是情绪在涌动、在歌唱。

> 身体是创意的发源地。

“到井里去”

“身体—情绪—创意”，对创新者来说，这三者的联系极为重要。我很感激“马赛克行为系统”的创立者杰里米·惠兰，受他的启发，我才设计出这个名叫“到井里去”（“井”的含义详见第 3 章）的训练项目。进行这项训练，可以帮助我们初步解除结构化想象力的钳制，并使那些濒临死亡的创意恢复勃勃生机。

在这项练习中，一定要调动心灵的感受器——用心灵之眼去看，用心灵之耳去听，用心灵之鼻去闻……

以下是准备工作。

营造合适的氛围

营造一个能够引发创意、唤起情绪的环境氛围。有条件的话，可以关掉手机，点燃蜡烛，播放你最喜欢的一支曲子。

进行一次缓慢的深呼吸，把注意力集中起来。

选择一种“情绪”

从情绪词汇表（详见第 47 页）中，选出映入自己视线的第一个单词。这个单词将成为整个练习的核心。

但是，由于既有思维的制约作用（详见第 1 章），在选择单词的时候，我们可能会细细地考量一番。我们想把一切都弄得清楚明白：我们认真评估、反复比较，才能确定自己想要哪个单词。即使凭着直觉进行了随机的选择，也会在反复的核查后认定，下一栏的某个单词或许更加合适。这是一种理性的选择方式，但我们要尽力避免。这次练习的本来目的，就是使我们真正意识到，“情绪”并非来自于大脑——它只能在身体中被“感觉”到。换句话说，这里我们感兴趣的，只是身体上的“（情绪）联系”，而非心智上的“（偏理性的）联系”。

找到单词后，请立即捕捉自己瞬时的感觉：比如，突然进入大脑的某种气味（炎热的夏天里，降落在柏油路上的雨水的气味）、瞬间涌入意识中的某种颜色（煎蛋饼上的、酷似铁锈痕迹的棕色斑块），等等。

在此过程中，一定要把感觉中涉及的意象具体化。比如，“一群小狗”就指代得太过模糊，而“几只正在脚边打盹的六周大的可卡犬”才是比较合适的意象。

把感觉自信地讲出来

随着练习的不断进行，你将不断发现情绪的各种特质：重量、味道、质感、气味、颜色、声音……在表述自己对于这些特质的感觉时，一定要使用陈述句，避免用比喻句。我们可以说“我嫉妒的声音是 100 个气球的爆炸声”，而不能说“我嫉妒的声音**像** 100 个气球的爆炸声”。我们不要知道这些情绪“像”什么，而要知道它们“是”什么。

当你按照上述方式，叙说自己的所见、所感时，你就能逐渐建立起自信，从而把自己的情绪更加坦率、更加充分地表达出来。

3 分钟定时训练

首先，把下面的 10 个步骤浏览完毕。

然后，翻到“情绪”词汇表，随机选择一种“情绪”。

做完准备工作后，看一下表，在 3 分钟内完成这项练习。如果愿意的话，也可以设置一个定时器。

注意：每一步不要写太多，举一个例子就好。在进行练习时，注意寻找自己的节奏，不要太过生硬地从一个步骤切换到另一个步骤。

第一步：选择“情绪”。

在词汇表中随机选择一个“情绪”。你可以尝试以下策略：闭上眼睛，让手指在页面上随意游走，停下来的时候，手指指向哪个词，那个词便是你要“处理”的“情绪”。

例如：怨恨

我的情绪是：

____

____

第二步：为情绪下定义。

为你的情绪简单地下个定义。你并不需要照搬字典上的解释，随意地写一下就好——让定义从你的意识中自然地流露出来。

例如：当我受到不公正的对待时，心底聚集的负面情绪便是怨恨。

我的情绪的定义是：

____

____

第三步：识别情绪的颜色。

想象一下情绪的颜色。我们可以在头脑中构建出一个虚拟的“颜色表”（类似于电脑中的“颜色库”），从中挑选出符合我们情绪的颜色。这里所说的“颜色”，绝不仅仅是“蓝”“绿”“黄”这些平凡至极的色彩；一个智能手机都可以显示出超过 100 万种的颜色——我们的情绪只会比这更加绚丽缤纷。其实，在描述色彩的时候，适当地多用一些词，可以使表述更加精确。比如，我们可以说，“某种情绪的‘颜色’和马戏团的主帐篷一模一样——都是由淡黄绿色条和橘红色条相间而成的”。

例如：我的“怨恨”的颜色是煎蛋饼上的那种棕色。

我的情绪的颜色是：

____

____

第四步：估测情绪的重量。

试着感受一下情绪的重量。我们可以用标准的单位——磅、盎司或者千克——进行计量，也可以充分发挥自己的想象，以各种奇特的方式来描述情绪的重量。例如，某种情绪和“9 个超级油轮所载的羽毛一样重”，或者“像两个枕头的鹅绒一般轻巧”。

例如：我的“怨恨”和七大包蜂鸣器一样重。

我的情绪的重量是：

____

____

第五步：品尝情绪的味道。

想象一下情绪的味道。直觉的“舌头”不受理性约束，因而可能会非常灵敏。你可能会尝出脆苹果的味道、干棉球的味道、热鸡油的味道……

例如：我的“怨恨”带有防晒油的味道。

我的情绪的味道是：

____

____

第六步：感受情绪的质地。

试着触摸你的情绪，感受它独特的质地。你可能会产生各种荒诞不经的感觉：仿佛是把手插进爆米花中，又仿佛是雪花落满了睫毛……尽管这些感受毫无道理可言，但它们仍然是你最为真实的感觉；你依然可以信任这些感觉。

例如：我触摸“怨恨”时，感觉像是把腿从缎子被单间滑过一样。

我的情绪的触感是：

____

____

第七步：画出情绪的符箓。

这里所说的符箓，是人类在潜意识的驱使下，随手完成的、极为抽象的涂鸦作品。它仅对涂鸦者自己有意义——潜意识通过这些符箓，给我们持续不断的暗示，向我们提供着有关创意的“线索”和“信息”。实际上，在涂鸦过程中，即使你没有刻意地想些什么，你的潜意识还是会与“创意”发生“反应”。因此，符篆就像电脑上的一个 bug 一样……但这个 bug 是一个创造性的 bug。

当你的情绪在身体里流动时，你会画出什么样的符篆呢？

例如：

我的情绪的符篆是：

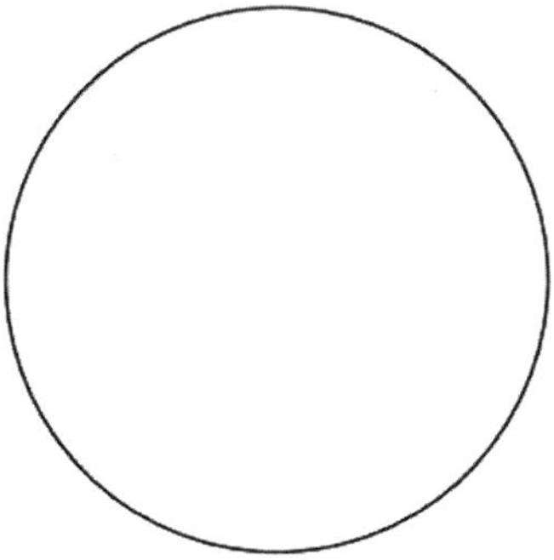

第八步：辨别情绪的气味。

想象一下情绪的气味。是清香宜人，还是极其刺鼻，还是一些气味的混合体？

试着把这种气味吸收到意识里。你的脑海中出现了什么画面？一大片薰衣草？还是几个金灿灿的柠檬？还是祖父用过的那支剃须膏？

例如：我的“怨恨”的气味是青草气味与机油气味的混合体。

我的情绪的气味是：

____

____

第九步：聆听情绪的声音。

用心灵去倾听情绪的声音。这些声响千变万化：有的似乎从远方传来，有的却离自己很近；有的如金钟轰鸣，有的如窃窃私语；有的只出现了一种乐器的声音，有的却是煽情的四重奏；有的像大雨敲击屋顶，有的则如同病床上叔叔沉重的呼吸声……

例如：我的“怨恨”的声音是那个著名的演讲——约翰·肯尼迪总统所做的就职演说。这是因为，每当我想到那个演说里所传达的梦想并未实现时，身体里就会产生一种怨恨的感觉。

我的情绪的声音是：

____

____

第十步：寻找情绪的“魔物”。

这里所说的“魔物”和符箓极为相似。它们都是客观世界中的实物，都可以被赋予某些特定的含义。

“魔物”可以隐喻各种各样的情绪；而情绪和潜意识有着密切的联系。这种“魔物”可以是鹅卵石、狗项圈、金钥匙，也可以是其他任何物体——只要它们能够“表达”出你的情绪。你的情绪千变万化，能够代表这种情绪的“魔物”自然也会有所不同。

例如：能够代表我的“怨恨”的“魔物”是大象的长鼻子。

能够代表我的情绪的“魔物”是：

____

____

注意：完成整个流程后，在一两天之内查找这个情绪的同义词。把同义词作为你的新情绪，按照相同的流程再走一遍。你会发现，两个单词虽然意义相近，带来的感觉却大不相同。

这个练习可以有效地调节我们的心智，并帮助我们认识自己的情绪能力，从而更加深入地感受情绪、理解情绪。尽可能多地做一些练习，养成感受情绪的习惯。刚开始时可以一周一次，以后再逐渐增多。

这种练习在身心倦怠的时候尤其有效，不妨试试看。

“情绪”词汇表

注意：词汇表中列出的“情绪”是前文所指的、广义上的“情绪”。

崇拜　爱慕　困扰　害怕　惊奇　生气　惊骇　感激

忧虑　通透　愤慨　羞耻　震惊　困惑　垂头丧气　发狂
悔恨　无聊　精神饱满　冷静　任性　才华横溢　担心
心态矛盾　糊涂　心满意足　癫狂　残忍　受挫　欣喜　沮丧
精神错乱　惊异　气馁　灰心　恐慌　平心静气　渴望　狂喜
尴尬　怨恨　热衷　嫉妒　恼火　兴奋　遭受嘲讽　害怕
钟爱　疲惫　友好　懊丧　气愤　阴郁　幸灾乐祸　忧伤
感激　愧疚　快乐　心碎　欲火中烧　谦恭　屈辱　心神不宁
歇斯底里　心有余而力不足　无能为力　漠不关心　迷恋
缺乏安全感　无关紧要　急躁易怒　兴奋　猜忌　快活　喜悦
欢欣鼓舞　怒气冲冲　孤独　为人所爱　富有爱心　欢快　痛苦
自恋　被需要　消极　紧张　麻木　疲于应付　惊慌失措　狂热
幽默　妄自尊大　恼羞成怒　茫然　爱好争论　紧张不安
惋惜　遭到冷落　悠闲自在　厌恶　矜持　悲痛　讽刺挖苦
激动万分　魅力四射　羞愧　难过　受到惊吓　惊讶　悲戚
温柔体贴　恐惧　欣喜若狂　震惊　轻信　迟疑不决　不合作
心照不宣　冷酷无情　悒悒不乐　不为人所爱　心神不宁　焦躁不安
徒劳　备受热捧　古道热肠　厌倦　备受尊重　向往　兴致满满

总结与回顾

完成整个流程后，请回顾你的答案，并把它们大声地读出来。在回顾的过程中，一定要记住一点：自己的“情绪”和“感觉”始终隐藏在身体里。把头脑放空，将注意力集中在身体上；尝试识别出来自身体不同部位的“感觉”。

回顾到第七步时，用手指沿着涂鸦中的线条轻轻描画，将这些图案完全“融入”你的身体中。

在我的创意小组中，所有人都进行了这种练习。从那些被大声宣读的答案里，我精选出以下范例：

例一

1. 我选择的“情绪”是“信任”。

2. “信任”就是你和其他人共同拥有的东西。

3. “信任”的“颜色”是长春花篮。

4. “信任”的“重量”与一块沉重的羊毛毯相当。

5. “信任”的“味道”是酸苹果味。

6. “信任”“摸上去”如同一块粗糙扎人的毛巾。

7. “信任”的符箓是波纹状的；它和池水中的涟漪一样。

8. “信任”的“气味”是熟透的苹果所散发的浓烈气味。

9. “信任”的“声音”是汽笛的尖啸。

10. 能够代表“信任”的“魔物”是一枚黄铜做的万能钥匙。

例二

1. 我选择的“情绪”是“迷惑”。

2. “迷惑”就是包含困惑的好奇心，在它的驱使下，我们经常会发现一些有趣的东西。

3. “迷惑”和万花筒一样绚丽缤纷。

4. “迷惑”的“重量”与一个装满雏菊的柳条篮相当。

5. “迷惑”的“味道”和西班牙冷菜汤相同。

6.“迷惑”“摸上去”和钢丝球的手感相似。

7.“迷惑”的符箓如同一棵从天空中长下来的树。

8.“迷惑”与湿透的鸵鸟气味相同。

9.“迷惑”的“声音”是大号奏出的降调。

10.能够代表“迷惑”的“魔物”是一支破碎的万花筒。

拓展与延伸

每次做完这项练习，都要在一周之内重新回顾一遍。在重读的时候，把这些描述了不同感觉的答案连缀在一起，并思考各种感觉之间存在着什么联系。将自己沉浸在那些感觉中，并把反思与感悟写进日志里。

按照这种方式，进一步地解读你选择的情绪。

身体中的诗篇

当你不再刻意地计划着去“创造”什么，而是注重打通身体的“感觉”、体验身体中的“活力”时，奇迹就会发生。实际上，当你直面自己最真实的感觉时，你就会被它们所震撼。如果你按照上下小节的指示，把描述了不同感觉的答案连缀在一起，这些感觉就会在你的体内跳跃、旋转，并进行相互作用，共同谱出一章绝美的诗篇……

如果你坚持用这种方式，在逻辑和理性之外探索自己的创造力，你将会逐渐意识到，自己其实是一个诗人。在现实生活中，你可能是一个记者、一个平面设计师、三个孩子的母亲，甚至有可能是审批贷款的或者放高利贷的……但这些都掩盖不了你作为诗人这个事实。

一定要记住：只要我们用心发掘体内的勃勃生机，每个人都可以变成“济慈”“迪金森”和“鲁米”。（译者注：约翰·济慈、艾米莉·迪金森和莫拉维·贾拉鲁丁·鲁米分别是英国、美国和古波斯三位伟大的诗人。）

试一试！像毕加索一样——用绘画解决问题

受结构化想象力的影响，我们总是会把创新与智商挂钩，把它和阳性的“行为”联系在一起。但实际上，创意与盛产智商的大脑皮层没有半分关系；真正能和它挂上联系的，是我们的身体。

在人类的身体中，蕴含着一种独特的“智力”。这种智力更偏向于“本质”，与阴性能量息息相关。当我们绘画、跳舞、奔跑……时，我们就把身体的智力成功地引入了创造过程中。

总之，在回归身体的过程中，我们获取了无限的创意，挖掘出蕴藏在逻辑和理性之外的潜能。

准备工作

选择美术用品。

收集自己喜欢的纸。选择自己喜欢的绘图工具：钢笔、彩色铅笔、色粉笔、蜡笔……无论哪种画笔都可以，也可以选择几种画笔，组合起来使用。

第一步：想一想自己最近遇到了什么麻烦。无论这个麻烦是大是小，都不要让它束缚住自己的心智。调动心灵的“感受器”，全身心地去“感受”这个麻烦。

第二步：在纸上随意地挥洒，以绘画的方式“解决”这个问题。一般来说，抽象的画法比具象的画法效果更好。通过这种方式，我们可以把无限的想象力从潜意识中解放出来。

以下步骤不分先后：

■“画”出你的问题。

■“画”出你的情绪。

■“画”出你的愿望。

■“画”出你的解决方案。

第三步：把画出的“解决方案”付诸实践。

第5章

走近“生活之轮”

生活的意义并不在于发现自我，而在于创造自我。

——萧伯纳

创意是由“目的”推动的。我们的目标调和着“阴”“阳”两种能量，并使之碰撞出创意的火花。

我的朋友辛西亚·克西创立了一个名为“不可阻挡”的基金会。这个非营利机构目标远大，一直致力于保障发展中国家儿童的受教育权以及其他各种权利。我曾为这个基金会提供过一段时间的咨询服务。他们希望我能够帮助基金会强化品牌定位，并找出一个合适的宣传点，以便向大众传达他们的任务和使命。在实际的操作过程中，我使用了一些在本书中提及的策略。作为一名电影制作人，我自然喜欢挖掘一些富有深度的故事，在这个过程中，我听到了一个非洲女孩的名字——苏珊。

这个基金会在肯尼亚的马赛马拉地区建立了一所女子高中，在等待批准的申请者中，苏珊排在第41位。但是，这所学校仅能容纳40名学生，苏珊不出所料地落选了。听到这个消息后，苏珊做出了一件“不可阻挡”的事——她和其他40名女孩一起走到行政办公室，恳求校长给她一个入学的机会。一旦获得了这个机会，她就有可能实现自己的梦想——成为一名医生，在故乡的村庄里救死扶伤。

校长抱歉地说：“苏珊，对不起，我们的学校只能容下40名女孩。”

苏珊泪流满面地离开办公室。

女孩们看到这幕情景，决定为苏珊做些什么。她们明白，如果不能接受教育，苏珊的未来将会是一片黯淡。几分钟后，女孩们向校长走去。

“请不要让她离开。我们会为她腾出地方来的。我们会把床挪到一起，会和她分享书本、铅笔和书桌……让她留下来吧！”

校长被她的学生们深深打动。她改变了主意，把苏珊加入名单中。

在我的策划下，这个故事在世界上流传开来，鼓舞了无数孩子为了梦想勇敢奋斗。

“不可阻挡”基金会能够创造世间奇迹，将不可能变为可能——苏珊的故事生动地传达出这一理念；这比任何宣传语都要行之有效。

对于基金会而言，这个故事有力地推广了他们的品牌；而对于我个人来讲，这次经历也带来了不小的启发：我对于“创意”的理解，不再仅仅局限于“完成创意”，而是到达了一个更高的层次——“成就创意”。

世界上之所以会出现各种创造性的行为，只是因为人们想要改变而已。我们可以仅在事物的表面进行修改，比如调整一下家具的摆放位置；也可以将一切推倒重来，比如建起一座全新的房子。“完成”创意仅仅意味着结束某项任务：制作完一部电影、织完毛衣、烘烤蛋糕、创立公司……而“成就”创意则要更进一步——它能对其他人产生深远的影响。在与辛西亚合作的过程中，我个人的创意变成了“世界的创意”：更多的人了解了这个基金会，了解了它所背负的责任与使命。就这样，我对其他人产生了影响，而这也改变了我自己。

价值取向：照亮我们生活的火炬

辛西亚为了理想，创立了“不可阻挡”基金会。实际上，人类的所有创造性行为，都源于自身的强烈渴望——“以自己的方式，让世界变得更加美好”。我们在会议室里激昂论辩，只为讨论出一个新方案；趴在桌子上辛苦地敲键盘，只为赶出一篇新文章；无微不至地照料所爱之人，只为让他们早日恢复健康……行为有所不同，而作为行为的“源头”，愿望自然也会有所不同。而这些愿望，又往往折射出我们不同的价值取向。

在本章中，你将要考察生活的七大领域。在任意一个生活领域中，你都要尽力维持自身状态的平衡，对于每一个生活领域，你都要进行全面而深刻的反思：在这个领域中，什么东西对自己意义非凡，什么东西指引着自己不断前进？值得注意的是，不同生活领域并无高下之别——它们本身都很重要。除此以外，任意一个领域的变化都会影响到整个生活的状态。——换句话说，当我们“触动”任何一个领域的时候，所有的领域都会产生相应的变动。在对自己当下的状态进行反思和评估时，你会发现自己在哪些领域势头正盛，并且意识到自己在哪些领域遭遇了瓶颈。

培育属于自己的价值取向（也就是说，弄明白什么东西对自己最为重要），并把它坚持下去——只有这样，你才能超越自己的惯性思维。除此以外，一旦明白了自己在哪些领域状态稳定、哪些领域状态失衡，你就能采取更有针对性的行动，从而使自己最终受益。

“生活之轮”

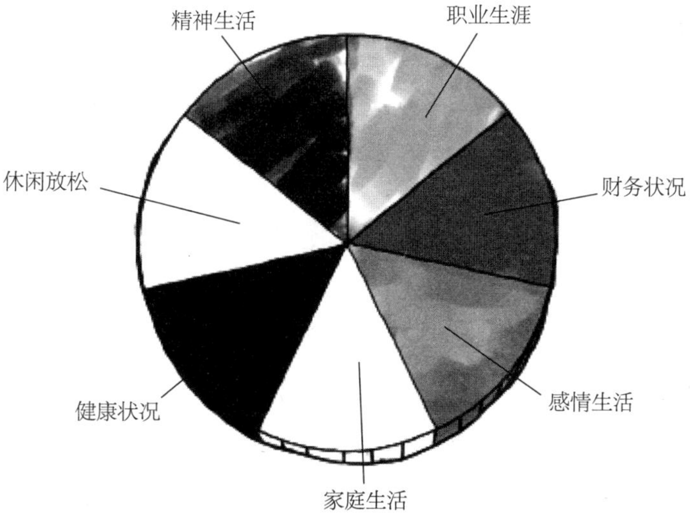

上图就是“生活之轮”。它由七大部分构成，分别是精神生活、职业生涯、休闲放松、财务状况、健康状况、感情生活和家庭生活。

“生活之轮”就像一幅“价值（取向）地图”。针对某一生活领域（例如“家庭生活”或“职业生涯”），你究竟有什么样的目标、欲望、梦想和愿景？在这个生活领域中，什么事情对自己最为重要？“生活之轮”就可以帮助你明晰这几点。另外，“生活之轮”也是一幅“藏宝图”，它可以引导你发掘出那些隐藏的创造力来。

在上面的“生活之轮”中，七大领域所占份额相同，且每个领域的状态都处于稳定和平衡中。

打造自己的“生活之轮”

每个人的生活都会受到自己价值取向的影响。在生命的不同时期，价值取向会发生转变，需要优先处理的人生任务也会有所不同。因此，我们必须时常调整自己的“生活之轮”。由于每个人的生活都是独一无二的。因此，你可以根据自己的特点，打造出具有“自我风格”的生活领域。假如你是一名全职家长、失业人员或者退休职工，你的“职业生涯”就不可能和其他人完全一致，而你在规划这一领域的时候，可以把更多的注意力放在“创新工作方式”“创新职业形态”上。实际上，在生命的任何一个阶段，工作都是生活最重要的目的之一。但对于今天的许多人来说，它更像是施展“创意”的重要舞台。它不仅是一种伟大的艺术形式，也为我们修读人生功课提供了重要背景。

当然，你也可以根据自己的情况，对“感情生活”进行调整。你可能正在四处寻找人生伴侣，也有可能正在享受单身生活，而且极为珍视和挚友之间的亲密情谊……总之，量体裁衣，打造专属于自己的生活领域。

需要注意的是，这里的“感情生活”仅仅局限于那些最亲密的情感关系，泛泛之交并不在讨论范围之内。我们可以这样问自己：“我和谁最为亲密？我对谁最温柔？我最信任的是哪个人？只有在谁的面前，我才敢放下一切伪装，吐露自己的心事？”

对“生活之轮”的评估与反思

绘制自己的“生活之轮”，并进行认真分析。对于不同的生活领域，我们总是分配了不同比例的注意力。分配比例的高低，反映出该领域在你心中相对价值的高低。

过去，我们可以按照自己的喜好，随意确定不同领域的相对价值，并据此分配自己的关注和精力：有些领域明明一团糟，我们却视而不见，反而把全部的热情投向了自己感兴趣的方面。这似乎没什么大问题，但现在我们不能这样做了。总有一天会出乱子的——如果过于轻视某一领域，进而对它关注不足，所带来的负面影响将会在其他领域显现，并最终影响整个生活。而从另一方面来说，对于任意一个亟需关注的生活领域，只要用心地改善这一领域的状况，就可以为整个“生活之轮”供给“创意能量”——这就是“牵一发而动全身”的好处所在。

耐人寻味的是，要想打理好整个生活，最好的办法就是从其中一个亟需关注的领域开始做起。一旦把某一领域完全摆平，一切就会变得豁然开朗了。

按照下列步骤，对你的“生活之轮”进行反思与评价。最好先处理那些难度较小的领域，一旦在这些领域有所突破，其他领域的挑战也就迎刃而解了。

评估指南

第一步：评估自己在每个领域的表现，并分别进行打分。分数限定在 1 到 10 分之间，不同的分值代表了你在该领域的成就高低或者对自己满意度的高低。数字 1 代表非常不满意或者状态完全失衡，数字10代表非常满意或者状态极佳。例如，若是“财务状况”打到 4 分，就可能意味着你的存款缩水，收入暂时减少；若是打到 7 分，就说明你有稳定的流动资金，资产安全得到基本保证，等等。在打分的时候，请相信自己的直觉。

职业生涯：______________________

财务状况：______________________

感情生活：______________________

家庭生活：______________________

健康状况：______________________

休闲放松：______________________

精神生活：______________________

第二步：进行价值判断。在每个生活领域中，最重要的事情是什么？什么样的经历和活动最有意义？什么样的资源和机会最为重要？什么样的人最有价值？……

职业生涯：

____

____

例如：成就感，为某项事业做出贡献的满足感和愉悦感；加入某一团队，与同事携手完成任务；得以施展自己的交流才能、领导才能和技术才能，等等。

财务状况：

例如：有能力供养家人；拥有经济上的安全感；有余钱用于旅游；足以支付各种教育培训项目的学费；有能力为一些组织捐资捐物，等等。

感情生活：

例如：和配偶亲密无间；与伴侣温柔相待；即使一起生活30年，激情也能够持续燃烧，等等。

家庭生活：

例如：与孩子感情深厚；拥有强烈的归属感——这种归属感是生活的基石；和家人一同进行假日探险；在家庭聚会中开怀大笑；知道家人深爱着自己，等等。

健康状况：

例如：追求理想时，不会受到健康状况的束缚；能够跑完马拉松；能够吃到健康的食物；能够获取最前沿的健康资讯；进行慢走活动；每周去上两次健身课；身体能够正常自愈，等等。

休闲放松：

例如：坐在阳台上晒太阳；无论周围发生何事，都会记得通过深呼吸来平复情绪；打盹；晚饭后和伴侣一起散步，借此来减轻压力；每天有30分钟属于自己的时间，等等。

精神生活：

例如：潜心静修；和家人去教堂做礼拜；阅读励志书籍；坐在树下感受自然；对世界心怀感恩，等等。

第三步：设置目标。

你有什么愿望？你想要创造什么？改变什么？表达什么？……

试着设置一些可以量化的目标。

职业生涯：

例如：一年内升到管理岗位；18个月内辞掉工作，创办公司；加强和团队的情感联系；取得硕士学位；拿到教师资格证；写出一本电子书；对个人网站进行系统升级，等等。

财务状况：

例如：一年之内收入翻倍；雇用一个新的会计师；为自己设立“环游世界”基金；为自己的创意项目设计一个众筹活动，等等。

感情生活：

例如：和配偶一周一次约会；参加婚姻咨询；注册在线交友网站；找到自己不敢坦率面对的羞耻之事，抚平由它们带来的精神创伤；与自己达成和解；原谅曾经伤害过自己的人；尽管已经20年没跳舞，也要和伴侣再跳一次，等等。

家庭生活：

例如：每周规定一段时间，全家人放下手机、电脑以及其他电子设备；少看会儿电视，多拉会儿家常；定期给父母打电话；组织一次家庭聚会；和兄弟姐妹坦诚相待，等等。

健康状况：

例如：晚上10点睡觉；关注自己的饮食情况；善待自己；雇一个健身教练；在6个月内减掉10磅（约为4.5公斤）；平复因离婚而引发的怒气，等等。

休闲放松：

例如：每周六上午去参加太极拳课程；恢复每月的针灸治疗；尝试着在上下班的路上收听古典音乐电台，看一下这件事会对自己产生什么影响，等等。

精神生活：

例如：每天起床之前，花上10分钟，想象今天的生活充满爱与阳光；报名参加下周的退修会；每月固定去探访一个地方——一个你能感受到上帝存在的地方，等等。

第四步：找到阻力最小的领域。

如果需要立刻采取行动，你希望从哪个领域开始？你最想解决哪个领域的问题？一定要记住，只要先把任何一个领域摆平，其他领域的问题也就不那么棘手了。

最容易摆平的生活领域：

第一步采取什么行动?

____

____

第五步：找到那些亟须关注的领域。

在日常生活中，你是否忽略了某些领域？是否感受到了由此带来的负面影响？

你是一个工作狂吗？对于金钱、地位和权力，你是否抱有强烈的焦虑？这种焦虑是否降低了你的生活质量？你是否承受着巨大的工作压力？你是否对自己的亲密关系感到忧惧不安？你是否在某个领域一直停滞不前？是否正在某个领域经历着一场严重的危机？

你可以依照第一步的评分状况，对此进行判定。你给哪个领域打出了最低分？

在评估的过程中，一定要实事求是，遵从内心的判断。

最需要关注的生活领域：

____

该领域中，关键问题或者核心挑战在于：

____

____

如何走向生活的平衡

在某个领域取得进展，又会对其他领域产生怎样的影响呢？

如果你在“职业生涯”中得到3分，在“休闲放松”中得到5分，接下来你会采取些什么举措呢？一般人可能会首先补足最短板，再去考虑其他的事情，但在实际生活中，这种举措效果不大。不如先把注意力放到“休闲放松”上：努力给生活增添更多的乐趣，把这一领域的得分提高到7分或者8分。心情放松、精神愉悦之后，你或许能获得意外的灵感和思路，从而成功克服“职业生涯”中的困难。比如说，你可能在生意上（或者在工作上）遇到了一个棘手的问题，根本无法在当下获得解决。但当你花上几天或者几周的时间去放松、游乐——进行一次徒步旅行、看几场电影、接受一次按摩、和心爱的人共度时光——之后，对于之前的那个难题，你的见解和看法，就有可能发生极大的改变……

我们不妨问自己一个问题：“如果现在就要采取行动，哪个领域对我来说更容易一些？”你最有可能把该领域的哪些行动坚持到底？是每周和家人共度美好时光，还是关注并加强那些重要的人际关系？或许，你最有可能坚持的，就是每天在家附近散步，借此改善自己的健康状况……

我们坚信，生活的每个环节之间，都存在着千丝万缕的联系。看一下你的手指吧！它们长短各异，相互分离，彼此之间似乎没有太多联系；但是，如果将视线下移，从指尖看到手掌，你会发现它们其实是连在一起的。同样地，如果先把注意力集中在某个领域，使之得到全面改善的话，你的创意能量就会得到提升，而其他难度较大的领域也会因此而间接受益。这种微妙的联系隐藏于意识中，常人无法觉察，但它所带来的影响却绝对不容小觑：一般来讲，越是困难重重的领域，越有可能“感受”到其他领域的微小改变，从而转化为一个全新的、难度较小的生活领域。

凯瑟琳的经历

在我的研讨小组中，有一个名叫凯瑟琳的成员。她最大的心愿便是改造自己的“感情生活”。她已经好多年没有谈过恋爱。对她来说，确立恋爱关系是一件非常恐怖的事情；要想让她谈一段恋爱，简直比登天还难。

我让凯瑟琳反思一下自己的生活。她在哪些领域比较顺风顺水？她又能采取些什么行动，使自己在那些领域更上一层楼？我告诉她，一定要相信自己：在那些领域取得进展后，就会获得更多的创意能量，从而使自己在情感领域柳暗花明，绝处逢生。

她按照我的建议，重新打理了自己的生活。她说，这种方法释放了她的创造力，给她带来许多新鲜有趣的灵感。凭借着这些启示，她找到了许多绝妙新奇的解决方案，烦恼也就此烟消云散。

看到新的可能——感知训练

对于那些亟须关注和打理的领域，怎样才能使它们恢复勃勃生机？

第一部分：唤醒自己的“感觉”

第一步：哪个领域最需要自己的关注？或者说，自己正在哪个领域经历着挑战和危机？找出这个领域，并用身体去“感受”这个领域，然后用两三段话将自己的感觉或情绪记录下来。如果你在该领域设置了目标，也把你对该目标的感觉一并填入记录。

> 你是否体验到了生气、麻木、无助、恐惧等负面情绪？
>
> 你的身体有什么感觉？你是否感到憋闷不堪、肢体疼痛？你有没有感觉到身体的某个部位在发热？
>
> 你的心理状态如何？你有没有陷入迷茫、狂躁或者空虚中？

第二步：在上一步中，你通过写作，逐渐理解了自己的感觉与情绪。这些感觉与情绪，源自于我们丰富多彩的能力或智力（我们从第 1 章开始就已经探讨过这类问题）。比如，我们对于目标和创新的渴望，就源自于“创造智力”，而我们的焦虑、多疑与失落，也同样来自于一种特殊的“智力”——我们依靠此种“智力”，储存了自己对于过去经历的种种记忆。总之，一切感觉终有其源头，我们要多多留意这些感觉与各自源头的联系。

第二部分：理解自己的目标

第三步：在这一步中，我们将利用五种感觉（触觉、味觉、嗅觉、听觉和视觉）去理解自己的目标，并用想象力把这个目标“勾画”出来。

首先，我们要充分发挥想象力，训练自己内在的感觉。以触觉为例：试着想象一下，自己在抚摸毛茸茸的小狗时会有什么感觉？把手插进冰里面时会有什么感觉？把手指轻轻放在大门的把手上时，又会有什么感觉？

然后，试着想象一下，如果自己有一天梦想成真，在触碰那些结果的时候，你会有什么样的感觉？比如，当你碰到伴侣的手时，你会感觉到什么？当你终于能去海边度假，兴奋地把手插进温暖的沙子里时，你又会感觉到什么？当你通过不懈的锻炼，长出一身的肌肉，在你抚摸这些硬邦邦的肌肉时，又会有什么样的感觉？

以同样的方式去训练自己的味觉、嗅觉、听觉和视觉。

触觉：你的目标有着怎样的手感？

味觉：你的目标有着怎样的味道？

嗅觉：你的目标有着怎样的气味？

听觉：你的目标会发出什么样的声音？

视觉：你的目标是什么样子的？

通过这种评估与反思，我们的创造力被成功地挖掘出来。在今后的生活中，我们仍然要发挥自己的想象，不断训练自己用感觉去理解目标，认识目标。

真正的改变需要专注和坚持。当你不断地重复这一过程、不断地向前推进时，积极的改变就会发生。一些改变可能会立刻显现出来，而另一些则会在我们看不到的地方悄然进行。

在阅读剩下的章节时，注意每章的主题和“生活之轮”之间存在着什么样的联系。在任何时候，你都可以返回这一章，重新评估你的价值取向和重新确定自己的目标，并以此为依据，对你的生活进行创造性地微调。

试一试！测试你的价值取向

用到的“创意”工具：

一堆杂志、一把剪刀、一个日记本（或者一张白纸）和一支笔。

准备工作

本次练习时长为 5 到 10 分钟。

为自己倒一杯咖啡或者一碗茶。在椅子上坐定后，进行一次缓慢的深呼吸，集中自己的注意力。

图片中的价值取向

在手头的杂志中，随机选择一张图片。这张图片可能代表着你的某种价值观念。剪下那张图片，并给它贴上标签——标签的内容就是这张图片所代表的价值观念。例如，你剪下了一张亚伯拉罕·林肯的图片，并且给它贴上了“高尚”的标签。那么，“高尚”就代表了你的某种价值取向。

> 注意：在选择图片的时候，一定要“听从”眼睛和手指的引导，不要进行刻意的筛选。潜藏于身体中的创造力总会以某种神秘的方式与我们交流、沟通。因此，只要认真倾听创造力的指引就好，不要妄图进行预测或者过度的思考。

阐述你的价值取向

对上一步得出的价值取向进行具体的阐述。这种阐述可长可短，一句话或一篇文章都可以。在此过程中，一定要诚实面对自己内心的想法。

这些无意中的选择，最终总会转化成某种性质的激励——激励我们努力成长，鞭策我们取得良好的成绩。有一次，我剪下了一张带有花园大蜗牛的图片。蜗牛的特点是“缓慢而自得”；它体现了我从容不迫（抑或是悠闲懒散）的处事态度。当我就此进行进一步的阐述时，突然意识到，自己在日常生活中是多么拖拉和磨蹭，并因此错过了多少重要的人生机遇……是时候改变自己了。

根据自己的实际情况，不断重复这一练习。

第 6 章

灵感——“神奇之物”

跟着自己的感觉走，上天就会为你打开一道意想不到的大门。

——约瑟夫·坎贝尔

现在，让我们对自己做过的事情做一个全景式的回顾。

刚开始的时候，我们探究了自己与生俱来的“创造智力”。后来，我们研究了创意的形成基础，得知创意是阳性的“意愿”“行动”与阴性的“想象”“感受”碰撞而成的产物。我们恢复了“自我”和身体的“紧密联系”，并意识到身体里的“感觉”能够释放创意能量。

我们对生活的七大领域进行了细密的审视与反思，并得以从一个更加宽广的视角来评估自己的需求、了解自己的愿望、揭示自己真正的价值取向。

现在，该讨论一些具体的问题了。

“心流”：捕捉生活中的创意

这一次，我们要花上一点时间，回顾一下自己身处“心流”的一些瞬间。

首先，进行几次舒缓的深呼吸，平复自己的心情。回顾一下过去的经历，询问自己以下问题：你是否曾在某个时刻感到激昂振奋或者心境开阔？你是否曾经感觉到，在某个瞬间，自己和周围的人紧密地联系在了一起？或者是，在某个时刻，自己和“自我”紧密联系在了一起？

你可能会在不同的场景中体验到这种情感：坠入爱河、照看孩子、在夕阳中自饮自酌、打出一杆完美的高尔夫；或者把礼物偷偷放到圣诞树下、在同事面前完成一次口头报告、为他人或者为某项事业做出巨大贡献……

想象一下，假如这些情景正在眼前发生，你会体验到什么样的感觉呢？

在我们的生活中，这种感觉至关重要。它是我们赖以生存的营养元素，是一种极其关键的自然资源；在它的内部，蕴含有惊人的能量。这种珍贵的感觉，就是我们所说的“神奇之物”。它像一个特殊的开关，能够开启你潜藏于体内的“自我”；又像一个专供个人使用的GPS——不断地显示着你的位置信息、不断地提醒你距离那些能够唤醒你生命活力的事物还有多远……

一旦你得知了自己的“神奇之物”是什么，就可以遵循它的指引来采取行动。你可以有意识地去做一些事情，做一些能够唤起“神奇之物”的事情。实际上，任何一个创意性项目，不管是制作艺术品、试水新市场，还是进行皮肤护理、营造亲密关系，都可以唤醒潜藏在体内的“神奇之物”。而一旦打通了这种感觉，我们对于创意的理解就会更加深刻，行使创意时也会更加自如。

当你开始主动在生活中寻求这种神奇的感觉时，你就会超越自己现有知识的限制，真正融入到创意的能量中。

为什么会这样呢？

事实上，创意并不是大脑的产物，它甚至也不属于这个世界。它是一个“天外来客”，以灵感的面目出现在我们面前。它也是“阴”“阳”两种能量共同谱出的旷世恋歌……

为了使自己真正融入到创意的能量中，不如先停下手头的事情——放下手里的钢笔、画笔和 iPad，敞开心扉去迎接那些“天外来客”吧！然后，尽自己所能，把这些“从天而降”的灵感转化为实实在在的创意成果。

> 创意是“阴”“阳”两种能量共同谱出的旷世恋歌。

不要接受“替代物”

在生活中，“神奇之物”有着各种各样的“替代物”。我们总是为了这些“替代物”而反复奔忙：工作、伴侣、房子、票子……并且以为那就是我们的生活目的。但实际上，“替代物”和“神奇之物”绝不是同一个概念。我们真正想要的，并不是这些“替代物”，而是存在于“替代物”表面之下、更为深层的一些东西。

比如，人类对于钱财的嗜好，可能反映出他们对于安全感、权力、自由以及爱的渴望。金钱只是那些东西的替代品而已。

换句话说，人类通过追求某些“替代物”，来唤起自己所渴望的某种“感觉”。其实，我们所盼望的这种“感觉”并不一定非要和他人一致；在大多数情况下，这种“感觉”是专属于自己的，是独一无二的一种存在。

因此，如果我们强烈地渴求着某种事物——无论是想要拥有一个人、想要做成一件事，还是想要实现一个目标，都要首先问自己一个问题：“在目标的表象下，到底是什么在真正地吸引着我？我到底在寻求些什么样的感觉？”

假如我们无法看到自己真正的需求，只是盲目地去追寻表面的目标，就会把许多精力浪费在一些无聊的事情上。我们使出全部的力气，去竞争、去操纵、去掌控自己能抓住的一切东西……到头来却发现，这些做法毫无用处。而正是这种盲目的追寻，限制了我们感受世界的能力，使我们无法体会到创意的快乐。

从另一方面来说，一旦对“神奇之物”有所了解，对你的生活将大有裨益。它可以帮你认清目标的本质，从而明确自己的方向，并最终克服生活中的挑战和困难。你或许不想工作，或许灵感枯竭，或许陷入了自我怀疑中……这些都不是问题，理解“神奇之物”将为你打开通向灵感和“心流”的大门。

练习：发现“神奇之物”

探讨一段经历

从记忆中找出一段经历。在那段经历中，你感到自己与“创意自我”之间形成了最深切、最直接的联系。

请思考以下问题：

在那次经历中，是什么因素在背后推动、帮助你走入创意的“心流”？

____

____

写下一段话

回顾那段经历，并思考以下问题：

“对我个人而言，在这段经历中，什么东西意义最为重大？什么东西最为激动人心？这段经历为什么会打动我自己？这段经历有着怎样的特性，给人带来了怎样的‘感觉’？”

记住：我们所要探讨的，并不是经历或事件本身，而是潜藏于“事件”表面下的“感觉”或“特性”。

把你的想法写成一段话。

提炼一句话

把以上的段落浓缩成一句话，把该事件最根本的“感觉”或“特性”表述出来。

得出最终的“神奇之物”

把上面的那句话压缩成一个词汇或短语——这个短语就是我们的“神奇之物”。

你写下的“神奇之物”——

是平和、安静，还是愉悦？

是激情、勇气，还是希望？

注意：我们一定要透过表象看本质，摒弃那些最先跃入脑海的东西。

比如，如果你首先想到的是“家庭”或“联系”之类的词，那么这些词究竟能带给你什么感觉？是归属感，是抚慰，还是被爱的感觉？

如果你首先想到的词是“尊重”，那么，它实际上传达了什么样的“感觉”？

你可能觉得它传达了“自信”的“感觉”。但自信仍然有些流于表象。

试着再往深处思考。是“价值感”吗？……

在研究这些词汇或短语的深层含义时，请相信自己的直觉，相信内心的认知。

终极练习

一次练习得到的“神奇之物”不一定永远都是“神奇之物”。你可以根据自己的需要，尽可能多地重复这种练习，享受这种自我发现的过程。

每次进行这种练习的时候，你都在逐渐构建着自己的“积极自语”。你在不断地重塑着自己。你自主地选择着真正的生活“目标”（“神奇之物”而非物质层面的“目标”），把精力和创造力源源不断地投入到那些地方。

任何时候，你都可以这样问自己：我关注的是“神奇之物”，还是它的替代品呢？我是在自主地控制能量和精力的流向，还是在任由它们流动到那些肤浅无聊的物质目标上呢？

不断进行这种练习，不断感受自己的“神奇之物”。在车里练习、在电梯里练习、在等待电脑启动的时候进行练习……总有一天，这种练习会变成一种习惯，融入到你的生活中。

现在，我每天都在进行这种练习。当然，在练习的过程中，依然会有大量的“消极自语”浮现出来；但令我欣慰的是，我对

“神奇之物”的理解已经越来越深刻了。

无论你的“神奇之物”是什么，都没有什么关系。创造者可以自主决定把精力放到哪里，可以把注意力集中到任何一个他认为最值得的地方——他所选定的“神奇之物”上。

能量是跟随着注意力流动的。因此，我们一定要练习、练习、再练习——直到找出那个值得自己关注的“神奇之物”来。

> 关注的东西不同，能量的流向也会有所不同。所以，练习、练习、再练习……

我曾经和一位名叫艾伦的执行总监共事过。她曾在工作岗位上取得了杰出的成绩；虽说现在仍旧风光无限，却整天处于敷衍了事的状态中。她似乎失去了创造的活力，连那些漂亮的业绩也不能让她找回成就感。对此她颇为沮丧，却无所适从。于是，我利用上面的方法，帮助她找寻自己最渴望的“感觉”。

结果很快明晰。艾伦意识到，她最渴望得到的，是一种自由自在的生活体验。

这种“自由”的“感觉”就是她的“神奇之物”——它像一座灯塔，照亮了艾伦回归本质的路途。她果断地抛弃了那些固化的思维方式，转而寻找真正的“自我”。现在，她已经能从浩如烟海的生活经历中，快速识别出那些能够触发“自由感”的具体事件了。她终于感受到了“心流”的存在，工作也不再像以前那样苦闷无聊了。除此以外，她还开设了一个工作坊，帮助女性走出既有的社会角色，重新发现生活的激情。

最近，我接到一个电话，是一个相识多年的制片人打来的。在他看来，“察觉新的可能”就是他的“神奇之物”。于是，他开始使用包括冥想在内的各种手段，对自己的精神进行一番探索，力求发现更多的可能。他甚至还打算在退休后从事一些辅导工作，像艾伦一样，帮助他人突破自己固有的社会角色。

“神奇之物”是一种来自于身体的感觉。它控制着身体中活力的进出，并通过各种复杂的反应机制，重新创造了我们的生活。

第7章

舍弃“情绪麻醉剂”

当世界混乱不堪、一切运转失灵的时候，伟大的变革就会发生。

——佩玛·丘卓

此时此刻，你可能正忙着构思剧本中的一段台词，或者紧张地设计一个幻灯片，以便能在下周的交流会上展示给自己的同事。当然，你也有可能正在为如何与自己青春期的孩子沟通而大伤脑筋，你绞尽脑汁，想要找出一个好方法，修复你们之间的关系……

在处理这些麻烦的时候，你的头脑是否足够清晰？是否有足够的灵感冒出来？还是陷入了一团混乱与迷惘中，甚至就此中断了前进的脚步？

在实际生活中，每个人都有可能遇到创意的瓶颈。无论现实是如何令人沮丧，一定要记住，表面的僵局往往意味着某种突破。我们可以借此机会，更加深入地了解自己，获取更大的精神自由。

前方之所以阻力重重，很大一部分原因在于，我们头脑中的创意和灵感已经全面告罄。受他人的思想、感觉和价值观念的影响，我们形成了固定的思维模式，想象力也趋向结构化。在面对问题的时候，我们一而再，再而三地按照同一种路数进行思考、感觉——直到把头脑中的点子全部榨尽。而与此同时，我们却无法突破重重制约，为大脑补充新的创意和灵感，从而彻底陷入了困境。

我们可以问自己几个问题：

这些模式化的思想和“感觉”到底有没有帮助你达到目标？

你的“内在对话”（详见第 6 章）对创意的“心流”有什么影响？是增强了“心流”，还是减弱了“心流”？

你对自己说了些什么？是在温情地鼓励着自己，还是在反反复复地念叨着那些让人沮丧和失望的事情？

表面的僵局往往意味着某种突破。我们可以借此机会，更加深入地了解自己，获取更大的精神自由。

手指生长游戏：“内在对话”的影响

我的朋友林春逸，是“春林气功”的创立者。他教给我一种奇妙的训练方法，形象地说明了思想和感觉给身体和精神带来的影响。

第一步：在手腕和手掌相交的地方，有几条明显的线。对齐这几条线之后，把手掌合到一起。

第二步：比较一下两只手手指的长度。大多数人一只手的手指要比另一只手上的稍微长一些。

第三步：举起手指较短的手，把另一只手轻轻地放在小腹上。缓缓伸展开那只举起的手，保持微笑，轻轻闭上眼睛。

第四步：一切准备停当之后，不断重复一个念头："我的手指正在不断地生长，不断地生长……"

把这一念头重复数秒，使自己"坚信"举起的手指正在生长。

第五步：睁开双眼，再一次对齐手腕上的线，把手掌合在一起。

原本较短的手指变长了，不是吗？

第六步：使手指恢复常态。

打开双手，对自己说："我的手指已经复原了。"只要说一次就好。

再一次对齐手腕、合上手掌，比较两只手上手指的长度。

它们又恢复原样了，对吗？

这个训练说明，我们可以有意识地引导自己，使自己产生特定的体验或感觉。实际上，我们的"内在对话"就起到了这种"引导"的作用。试着想象一下，如果我们的"内在对话"是消极的、负面的，会对我们的状态产生什么影响呢？再考虑一下自己的情况：在你的"内在对话"中，一定蕴含着一些特定的思想和感觉；那些思想和感觉有没有对你产生积极的影响？它们能够"引导"你成长，并发现新的可能性吗？

要想创造新的东西，就必须毁灭旧的东西。一些情绪上的习惯能够触发负面的思想和感觉（消极的"内在对话"），从而使我们的创造力受到严重损害。因此，我们只有舍弃这些情绪上的习惯，才能真正地理解创意，进行真正的发明创造。

“情绪麻醉剂”麻痹了我们自己

麋鹿被大灯照到后，就会吓得一动不动，在人类身上也会出现类似的情形。当我们烦恼不堪、不知所措时，整个意识就会陷入停滞状态。这时，你的某些想法和情绪就会混合在一起，形成一种强效的“麻醉剂”，对心灵实施自我麻醉。一般来讲，如果某种情绪过于强烈，就会使我们心生畏惧；为了躲避这些情感的侵袭，我们就会出于本能，用其他的情绪去替代这些情感，从而达到麻痹自己的目的。其实，我们在很小的时候就学会了如何进行自我麻痹：在“麻醉剂”的帮助下，我们得以从那些难以承受的情绪中逃脱出来。

在我很小的时候，有一天晚上，爸妈外出，只留下我一个人在家。渐渐地，我开始担心他们已经抛下我，永远不会回来了。被遗弃的恐惧充斥了我的心灵——我实在不知道如何面对这种恐惧，只好让自己去想一些其他的东西——一些自己可以“掌控”的情绪。我反反复复地对自己说：“要是我更乖一些……要是我表现得再好一些……要是我不像现在这样（淘气）……父母就不会抛弃我了。”

我陷入了一个“要是……就好了……”的困境。对于一个孩子来说，这种情绪是十分难熬的，但当时的我只能够掌控这种情绪。像是所有的麻醉剂一样，它使我陷入了麻木的状态，从而把我从那些更强烈的情绪——绝望、恐慌和被遗弃的恐惧——中解脱出来。

现在，我已经能够自如地应付那些恐惧了，但若是去较真地面对，也实在没有必要。逃避真实的情感，求助于“心灵麻醉剂”，仍然是一个简单有效的解脱方法。

但这种方法会严重磨损我的创造力。

这实在是得不偿失。

以下 4 种“麻醉剂”会严重影响我们的创造力：

- **自怜自哀**
- **埋怨**
- **悔恨**
- **控制欲**

这 4 种情绪总是能够破坏创意的“心流”。

就像大脑可以习得思想和信念，形成固定的思维模式一样，这些“麻醉剂”也可以被我们的意识吸收，变成大脑的固定配置。但是，经过不断的训练，我们可以察觉到这些“麻醉剂”的存在，并借此打破它们的桎梏。

假如你从本书中只学到一样东西，那种东西就是，你能够清醒地意识到，这四种“麻醉剂”正在你的体内发挥着巨大的（负面）作用。

一旦理解了这一点，你的创意就会蒸蒸日上。

练习：识别“情绪麻醉剂”

第一步：愿望

此时此刻，你最大的心愿是什么？

你想要创造出什么东西，还是维护自己已有的某样东西？

举例来讲，你可能想要谈一段恋爱，或者想要维护已有的恋爱关系。

你渴望工作顺利、身体健康或者是财务稳定吗？

____

____

第二步：恐惧

面对自己的目标或愿望，你会不会从心底感到害怕——害怕某些事情突然发生？

比如，你担心自己不够优秀，无法吸引到或者创造出自己想要的东西；你担心自己会失去那些已经拥有的东西……一般来讲，我们越是珍视什么，越是担心它会在某一天突然消失。你是否担心失去自己亲爱的人？是否担心财务安全失去保障？是否担心自己的前途陨落、名声扫地、健康受损？……

想象一下这些潜在的威胁；你在面对这些威胁的时候，心底会产生怎样的恐惧？把你的恐惧详细地描述出来。

第三步：走在“情绪”的大道上

闭上双眼，进行几次缓慢的深呼吸，使自己得到放松。

想象自己正在一条小路上行走，而这条路恰恰通向我们心底的“恐惧”——我们最害怕看到的那些结果。

在路上行走的时候，一定要动作缓慢、小心翼翼。当你逐渐靠近那些“恐惧”时，注意头脑里、身体里分别产生了哪些思想和感觉。你不需要把每一种都辨别出来。

一步一个脚印地前行，防止自己被任何意外打断旅程。一旦偏离了方向、走到旁边的路肩上，就立即返回到“情绪”的路上来，重新朝着“恐惧”前进。

在面对那些可怕的结果时，我们的心中会生出一些强烈的情感。之前提到过，为了免受这些强烈情感的侵袭，我们会下意识地进行“自我麻痹”。试着问自己以下问题，看一看上面所说的4种“麻醉剂”是如何成功麻醉你的情绪的。

这种“自怜自哀”是否与我的“恐惧”（害怕看到的结果）有关？我是否总是以为自己在相关的生活领域中是一名弱者？这种想法是否让我丧失了想象美好结果的能力？这种

自怨自艾的情绪是否蒙蔽了我的心灵，让我看不清自己的愿望？如果是这样的话，你就发现了一种名为“自怜自哀”的“麻醉剂”。

我是否在把糟糕的心态归咎于自己或他人？我是否认为自己之所以不能拥有某些东西，或者之所以会失去某些东西，原因都在于过去倒霉的经历或者当下糟糕的景况？如果是这样的话，你就发现了一种名为“埋怨”的“麻醉剂”。

在那些“恐惧”之下，是否潜藏着我们对于过去或者当下某些经历的悔恨与内疚？如果是这样的话，我们最真实的“情绪”以及最原始的创造力，就埋藏在那些“悔恨”下面。

在那些“恐惧”之下，是否潜藏着我们强烈的控制欲？我们是否想要控制某一个生活场景、操纵某一段关系或者掌控某一个人？我是否在追求一个确定的结果？如果是这样的话，我们就发现了那个名为“控制欲”的“麻醉剂”。

第四步：寻根究底

继续朝着你害怕的结果行进。

这条路的终点到底是什么？你害怕的东西是真实的，还是只是一个用来麻痹自己的幻象？

第五步：真实的情绪

解除“自我麻醉”，体验真实的情绪。这些情绪被完全吸收后，就会转化为其他形态，并彻底消失。

当你持续不断地面对那些骇人的结果，放弃“自我麻痹”、仅仅感受自己最真实的情感时，你就会感受到创意的“心流”。

你是如何体验到那些最真实的情绪的？那些情绪给人的感觉如何？使用“意识流”的笔法，把你的体验完整地记录下来。

“麻醉剂”是大脑的一项伟大发明。它把我们与那些真正的情绪隔离开来，借此降低我们的不适感。具有讽刺意味的是，比起那些被隔离开的情感，“麻醉剂”本身会给人带来更大的痛苦与伤害。

与“麻醉剂”不同，真实的情绪在被人体完全吸收后，就会彻底消失。就像晚宴的宾客一样，无论他们难缠还是和善，都会在散场的时候离去。

“意图”和“专注”的力量

“如果你建好了（棒球场），他们就会来。”

电影《梦幻成真》形象地展示出创造的整个过程。“意图”“专注”加上一系列的后续行动——三者结合，才能有所创造。

我们把注意力投向哪些事情，创意的能量就会聚集到那些事情上。

一般来讲，如果我们学会了往特定目标上“引导”注意力的方法，注意力就不太可能被“情绪麻醉剂”干扰，也不会轻易地被既有的思维模式操控。从另一方面来看，如果我们能够养成习惯，经常关注注意力的“去向”，就可以顺藤摸瓜，找出潜藏在自己行动之下的真实意图，日后面临决策时，也会就此做出更加明智的选择。

> 我们把注意力投向哪些事情，创意的能量就会聚集到那些事情上。

本章所探讨的“创意能量系统”大致由以下几部分构成：

- 意图
- 注意力
- 能量
- 责任
- 选择
- 后续行动

在这个系统中，不同元素相互依存，彼此关联，而它们又都与创造力有着密切的联系。关于后面这一点，一个叫怀亚特·韦伯的男人给我上了生动的一课。在他的指导下，我终于意识到，我的某些思维模式已经变成了一种特殊的“麻醉剂”，把我与真实的创意意图隔离开来，而我的创造力也因此受到严重的束缚，无法正常地发挥出来……

第一眼见到怀亚特，我就觉得他是一个真正的牛仔、一个真正良善的公民。他戴着一顶满是灰尘的帽子，花白的头发被压在帽子底下。

怀亚特的工作是照料马匹。有一天早上，他派给了我一个活：“巴奈特，你今天的工作是清理马蹄铁中的污秽。你走到马匹旁边，牢牢地抓住马蹄上方的肌腱，它就会抬起蹄子让你清理了。”

我弯下腰去抓马的蹄子。它的蹄子像是被固定在了水泥地上，一点也扳不动。于是，我就开始抚摸这匹马。

怀亚特说：“你是不是总办不成事啊？”

这句话犹如万箭穿心，我不禁有点恶心。

怀亚特又说：“你到底在干些什么？”

“噢，我正努力和这匹马交朋友，我想让它认识我。”

怀亚特耐心地说：“这种动物并不会回应你的控制，它只会回应那些明确的、驱使它的力量。如果你动机不纯的话，它就不会理睬你。比如，你刚才可能在想，‘我一定要使你喜欢我，这样你就会抬起自己的蹄子了’——这种做法是行不通的。在和它打交道时，一定要明确地表现出自己的目的，只有这样，才能得到它的回应。”

我有些慌乱。

“你是不是经常这样？你在其他的生活领域会不会也是如此？你为什么要那么努力地操控生活？”

我突然意识到，自己的创造力总是在被心中那些习惯性的力量影响着。比如，我一直想要操控自己的生活，想让一切事物都处在自己的掌控之下。“如果我和这匹马交朋友，它就会喜欢我，进而迎合我的一切要求。”这种充满“控制”意味的做法，在我的生活里还有很多很多。也许，我该放弃这些有关“控制”的“隐蔽动机”，只保留自己最根本的意图了。

怀亚特让我再试一次。

我又一次走向了这匹马。与上一次不同的是，我不再费尽心思地取悦它，而是只想着如何把马腿抬起来。我一碰到马腿，马腿就高举起来了。

这真是一堂生动的哲理课，大自然不会响应人类的操纵。一旦我带着明确的目的靠近那匹马，它的腿就主动高举起来了。

实际上，那些习惯性的“隐蔽动机”和“麻醉剂”效果相同。它把我们和自己的真实意图阻隔开来，从而阻碍了我们的创造进程。而当我们不断地舍弃那些“自我麻痹”的思维模式时，创意的大门也在逐渐向我们打开。

培育“创意可塑性”

在生命的任何阶段，大脑都能够形成新的“突触”和“神经联系”，以此来“重塑”自身的“神经结构”。这就是所谓的“神经可塑性”。实际上，不久之前，科学家还认为，我们的基因好似一张无法更改的“生物蓝图”；这张“蓝图”早就为我们规划好了未来——根据“蓝图”上面的内容，随着时间的流逝，我们会因为各种因素（疾病、毒素、心理创伤、情绪压力和衰老）使自身细胞受到损伤，从而不可避免地丧失自己的身体机能（这里的“身体机能”当然也包括“大脑机能”）。然而，新的发现却表明，“神经可塑性”可以修复（因疾病和外力作用）受到损伤的脑细胞，并形成新的“神经通路”——这些“神经通路”可以帮助我们恢复原有的大脑机能。

“创意可塑性”的概念与“神经可塑性”极为相似。所谓“创意可塑性”是指，我们的“想象力”并不是一成不变的；我们可以随时向想象力中加入新的元素，或者随意“塑造”想象力的形态。而这种丰富多变的想象力，可以带给我们许多灵感和启发，帮助我们做成许多不同的事情：想出一个新的点子、处理一些极为紧急的麻烦、解决一些由来已久的问题……而我在本书中安排了众多的理论环节和练习项目，目的就是培养大家的“创意可塑性”。

“创意可塑性”丰富了我们的想象力，从而使我们找到了新的“创意途径”。而由于神经活动是一切思维活动的生物基础，因此，生成了新的“创意途径”实际上也就是生成了新的“神经联系”。刚形成的“神经联系”并不稳定，需要不断地进行强化——而“动机”与“专注”则是这个强化过程的关键所在。这也就是练习在本书中地位如此重要的原因：每个练习都为你设置了具体的目标，并促使你集中全部精力去完成这个目标……就这样，“神经联系”得到了不断强化，新的“神经（通路）模式”得以形成，而我们也将因此迎来创意的“心流”。

休闲放松——“整理”我们的大脑

当大脑处于放松状态时，灵感和创意也会纷至沓来。放松的心态能够帮助我们深入自己的内心，打通身体与“感觉”的“联系”——在我们心烦意乱时，是不会拥有这种体验的。

一旦心情放松平静下来，阿尔法脑电波就会随之出现。这种脑波频率较低，平均每秒运行 8—12 个周期；它和代表着“接纳”的阳性能量密切相关。另外，阿尔法脑电波经常出现在“清醒休息”中，它在意识和潜意识之间架起了一座桥梁，为创新创造了条件。

无论是在大自然中散步、欣赏舒缓的音乐，还是独自进行冥想，都能够使大脑得到有效的放松。这种放松的状态不仅能够增强我们的学习能力、提升我们的想象水平，也能使我们的注意力更加集中。

接下来的呼吸训练能够使你快速进入放松状态。由于这个方法可以帮助你“重置”自己的“神经（通路）模式”，且操作起来极其简单。因此，你可以使用这种方法，去迎接新的一天或者开启新的工作。除此之外，这种方法在你大脑一片混沌时尤为有效。不妨试试看。

练习：意念呼吸术

设置一个定时器，定上两到三分钟的时间。也可以使用普通的钟表计时。

坐到一张舒服的椅子里，闭上双眼，利用鼻子进行呼吸。

集中注意力，用心体验气体进出鼻子的过程。

如果你中途开起了小差儿，缓缓地把注意力转回到自己的呼吸上。

定时器响起后，平复自己的心情，缓缓地睁开眼睛。

除了意念呼吸术以外，这里还列举了一些其他的放松方式：

- 从书桌旁走开，或者走出办公室。
- 打一个盹。
- 做白日梦。
- 美美地冲一个热水澡。
- 在水边静坐——池塘、河、溪、湖、海都可以。
- 到大自然中散步。

打破固化的思维模式和感觉模式

你对自己的身体、情绪和心理的控制能力，比你想象的还要大很多。你可以在数秒之内，通过有意识地控制呼吸和想象，改变自己的状态。具体来说，就是释放自己的压力，恢复“自我”和周围世界的“联系”。

你可以在任何时间、任何地点进行以下练习。无论你想要干什么：走出负面情绪，准备一场会议，筹划陈述报告，张罗与伴侣的约会，校准自己的感觉、使自己在工作中发挥重大作用……这些练习都能帮你调整自己，从而以最佳的状态迎接关键时刻的到来。

练习：暂停身体机能

进行三次舒缓的深呼吸，使自己得到完全放松。

想象你正在使一切慢下来。你的脑电波慢了下来、你的血流慢了下来、你的心跳慢了下来……整个世界都慢了下来。

然后，想象一切都停了下来。你的脑电波、你的血流、你的心跳、你的呼吸……一切都缓缓地停了下来。

在这一片“静止”中休息片刻。

大约一分钟后，缓慢地回归到自己正常的速度和节奏。

重新提起精神后，开始去做自己的事情……你会发现，自己的状态变得更加放松，心态变得更加开放，也能够从生活中“接收”到更多的灵感了。

练习：打破生活的“惯例”

打乱日常事务的顺序，有意识地把各种事情混在一起……通过这些方式，重新唤起你创意的“心流”。

打破生活的“惯例”，尝试一下新鲜的生活方式：

- 在床的另一头睡觉。
- 舍弃玻璃杯，开始用茶杯饮酒。
- 扔掉餐叉，使用筷子吃饭。
- 在逛小卖部的时候，改变自己浏览货架的顺序。
- 走新的路线去上班。
- 在另一个房间叠衣服。
- 换一种打招呼的方式。
- 换一种接电话的方式。
- 改变书桌上各种物品的摆放位置。

通过打破这些生活上的惯例，我们逐渐学会了从新的视角观察生活、观察自己。要记住，创意不会不请自来，我们必须向它发出诚挚的邀请。我们可以这样问自己：“怎样才能把生活中的琐事玩出创意来呢？”这种答案不胜枚举，我就曾经见过一个女人从下往上剥香蕉皮，还玩得不亦乐乎……尽情地享受其中的乐趣吧！

解决各种问题

当我们全神贯注地做着某件事，或者朝着某一目标前进的时候，总会被一些意外的麻烦打扰。在社会生活中，你有没有遇到这样的情况？

你的同事拉着你说话，导致你不能完成工作；你的邻居一直在喋喋不休地抱怨，嫌你家的狗太吵；当你陪着孩子一起做家庭作业时，他却偏偏开始发脾气、使性子……

如果你想起了什么麻烦，请开始下面的练习。

练习：用意识流的手法解决问题

说明：这个练习可以促使你专心致志地解决问题，避免被完美主义、狭隘的思想观念以及来自自己和他人的“肆意评价”所困扰。

把定时器设成 3 分钟，然后平静地呼吸几次。

第一步：用几个词语描述你遇到的麻烦。

第二步：尽可能多地想出解决方案，并把它们全部写下来。尽管动笔就好，不要对这些方案的好坏妄加判断。（“不置可否”是创意生活的“重要资产”。）

第三步：一切完成之后，回顾自己的列表，里面有没有让你惊喜的点子？

像沙里淘金一样，筛除平淡无奇的点子，保留那些让你兴奋的解决方案。

第四步：进行进一步的筛选，选择一个最能引发你灵感的方案。

如果这套方案含有任何的行动步骤，就把其中的细节写下来——明确行动的时间、地点和方式。

每天练习的好处

为了能够在创新的天地里有所突破，一定要坚持进行上面提到的几种练习（或者其他与之相似的练习项目），以便唤醒自己真正的潜力。那些创意的练习是十分有必要的——虽然逻辑和理性很有价值，但它们并不能解决一切问题；对于剩下的部分，还需要利用创意进行补足。坚持那些能够激发想象的练习，坚持那些能够使自己深入到思想和感觉层面的练习。另外，我们也可以挑战一下自己：停止使用“陈旧”的“大脑模式”，转而去探索一些全新的东西；找出不同事物之间的、新鲜有趣的联系。

随着练习的进行，你会逐渐探明方向，并最终走出想象力结构化的窠臼。

为了更快地见到成效，你也可以每天进行练习。你将对自己的成果感到万分惊异。你会发现，从爱情生活、职业生涯，到财务状况、健康状况——在所有的生活领域中，都会有全新的“神经联系”生长出来，而我们的世界也会变得更加多姿多彩，更富生机和活力。

第 8 章

障碍的“模样”

上天钟爱勇敢之人。只要你敢于奋斗，上天就会有所回应——它会把路上的“不可能”全部移除，帮助你到达理想的彼岸。

——特伦斯·麦肯纳

在汉语中，“危机”和“机会”共有着同一个汉字。这或许能够提醒我们，当我们身处黑暗、茫然若失时，当我们面临生活中的诸多挑战时，暂且不要悲伤、不要心急，仔细寻找一番，也许就能从重重“危机”中找出绝妙的“机会”来。同样地，有的时候，我们可能会走入创新的“迷途”——无端地怀疑自我、丧失了灵感……但是，透过这些倒霉的经历，我们却可以窥见更多层次的自我，发现那股隐藏在意识深处的强大能量。

揭秘“潜台词”

在前面的几章中，我们讨论过了一些陈旧的思考模式和感觉模式，还探究了心灵麻醉剂的成分和作用机理。而它们的真正源头，则是存在于所有人意识中的“心理剧本”。这个特殊的“剧本”，无时无刻不在指导着我们的生活，我们把它称作“潜台词”。

“潜台词”为我们的生活设定了基调和方向。在“潜台词”中，汇集了各种不同的元素：个人的“历史”，思想信念，以及造成结构化想象力的罪魁祸首——固化的思维模式和行为模式。而这些元素都是我们制定生活策略，确定生活方式的原始依据。尽管潜台词中也总是包含个人意图，但它绝不仅仅是个人意图，它的内涵远比这丰富得多。

在表演艺术中，“潜台词”指的是演员给剧中角色赋予的思想、情绪和动机。“潜台词”无法说出来，但它却是表演中最动人的一部分，为表面的台词和动作增色不少。剧本中并没有“潜台词”，它源自于演员对于故事的独特诠释，是他们从自己的记忆、经历和想象中挖掘出来的。

想象自己正在看一部电视剧。在这部电视剧中，一个女商人从旅馆的房间里给未婚夫打电话。

“我想你。”她说。

她是在专心地和未婚夫聊天，还是一边盯着电视里的新闻，一边打着电话？

她是否还在想着在酒吧里遇到的那个潜在客户？

她的声音是不是充满了女性的诱惑？还是满含倦意？还是怨气冲天，使得未婚夫恨不得立刻挂掉电话？

在这几种情景中，台词都一模一样，角色的心境却大相径庭。而这些没有表现在台词里面的东西，就是所谓的“潜台词”。

“潜台词”揭示了人类行为的深层动机。这些动机隐藏在“潜意识”中，操控着生活的方方面面——当然也操纵着人类进行创造时所选择的方式、方法。当我们不再只浏览生活提供的“表层信息”，而是去深入地体会其中的“言外之意”时，我们才能够真正地感知到“潜台词”。这个过程，便是一种发生在“潜意识”层次的特殊“交流”。“潜台词”就像造物者书写的剧本，而我们则是剧本中的某个小角色。戏中的角色自然不清楚剧情的脉络，他们只是懵懵懂懂地前行，接受“命运”（“剧本”）的摆布。我们自然也是如此——在通常情况下，我们根本不会想到，“潜台词”的能量已经渗透到生活的每一个细枝末节……

“潜台词”是创意的发源地。这就是莎士比亚的戏剧能够风靡全球、经久不衰的根本原因——虽然剧本里的台词相同，但“潜台词”却随着表演团队的变换而不断地发生着变化，最终的演出也就各有各的趣味和精彩。而戏剧导演的责任，就是选择“潜台词”、确定“潜台词”。而在现实生活中，我们也要确定那些专属于自己的“潜台词”。

我们总是在创造。而为“表面”的生活经历确定“潜台词”的过程，就是一种创造的过程。

在研讨会上，我加入了一个特殊的练习。它揭示了“潜台词”的本质，并有力地证明了一个现象：故事的“涵义”并不在于表层的“事实”或情节——它只存在于贯穿整个故事的、无形的“脉络”中，并且总是因人而异。

这项练习包含了一项名为“剧本分析”的活动。在电影拍摄过程中，导演和演员经常进行这种分析，用以丰富表演的内涵，提升表演的层次。

想象自己眼前出现了一幅照片。这幅照片的背景是一座大桥，在大桥的下面，一个小男孩正坐在椅子上。在这张照片中，你观察到了哪些“事实”呢？

这个男孩穿着短裤。

他留着长头发，戴着眼镜。

他正朝着某个人离开的方向。

离开的那个人好像是一个男人。

那个男人穿着西装。

你还有可能会说，“那个男孩十分悲伤”，或者“这个男孩饥肠辘辘，孤零零地待在那里”。但这些都是事实吗？我们只知道“男孩坐在椅子上”，我们甚至连他的年龄都不清楚，只能说“他看上去像一个半大的孩子”。

继续观察照片，我们发现了更多的“事实”：

照片拍摄于白天。

那座桥是一座悬索桥。

桥上有汽车在飞驰。

这座大桥很有可能是连接旧金山和奥克兰的海湾大桥（译者注：海湾大桥是一座著名的悬索桥），但我们也无法确定这一点。我们只知道，那个男孩坐在一座悬索桥的下面。

那么，照片上的男孩到底经历了什么？发挥自己的想象，补全整个事件的“脉络”，把所观察到的“事实”和这个虚拟的“脉络”结合起来，在5分钟内写出一个小故事来。你的故事可能是这样的：“因为车里的汽油已经耗尽，男孩的父亲就把他留在大桥下，独自一人去寻找帮助。男孩却不明所以，以为父亲把自己永远地抛弃了……这座大桥的两端，代表着两种不同的认知观念——成人的世界观和孩子的世界观。两种世界观相距甚远，却还是通过大桥紧紧地联系在了一起。”

无论有多少人参与这次练习，在他们编出的故事中，没有两个是完全相同的。有些反映出男孩的失落感，有些则带有浓重的悬疑色彩……总而言之，给出的同样一幅照片，拓展出的故事却是五花八门、千奇百怪的。之所以会发生这种情况，原因在于，我们并不在乎世界的真相，我们只是在按照“自己”的观念来观察世界、理解世界。

“自己”是差异的本源。

即使你的生活轨迹和其他人的并无二致，但是由于“你”——这个主体的存在，那些相似的生活经历之间也会产生巨大的、实质上的差异。“你”为生活增添了与众不同的“情绪”，灌注了独一无二的“内涵”，书写了专属于“自己”的潜台词……“你”就是“创造者”。尽管你我都认为“天是蓝的、草是绿的”，但是，当我们利用上述练习中的手法，具体描摹出其中的细节时，我们就会发现，每个人的思想和经历都是独一无二的。

我曾经与一家公司合作，把这项练习应用到实践中。这家公司打算调整自己的经营宗旨和市场定位，决策层却各执一词，无法达成一致。在这个练习中，我设定了一个虚拟的经营宗旨，请所有的人对此进行诠释和说明。结果大大出乎他们的意料：对于相同的一段文字，每个人的解释却是大相径庭。他们认识到，人们的“潜台词”各不相同，绝不能想当然地认为，别人可以自动理解自己的所有想法和念头。于是，他们开始挖掘出各自的“潜台词”，并进行积极的分享和交流，讨论终于顺畅起来，而一个新的“市场定位”也就此尘埃落定。

无论何时何地，心中那些原始的、未加修饰的想法一旦大白于天下，就会引发令人惊异的结果。对于当事人来说，这种“坦白”极富挑战性。曾有一位科技公司的高管采用了这个方法，想要提升团队的革新能力。通过“脚本分析”，许多人的“潜台词”都被揭示了出来——许多大相径庭的观点，以及一些从未被说出的想法和见解纷纷大白于天下。这位总监也和他人分享了自己的想法；但分享完毕后，她立刻离开了现场。这是因为，她在团队面前暴露了“真正的自己”，显示出自己并非无懈可击——这种感觉让她十分恼火。但实际上，创新的领导方式需要这种“脆弱性”——承认个人是有弱点的、团队也是有弱点的，并且这些弱点切实妨害了任务的推进。只有承认这种“脆弱性”，才能创设一个适宜的环境，使变革得到足够的鼓励和支持，并最终使创新蓬勃发展起来。

我的另一名学员是一位高管，负责几家温泉度假酒店的营销和宣传工作。她和那位科技公司的经理情况相似，都是在和别人的交流方面出了问题。但她的障碍并不来自于团队内部，而是存在于她与合伙人之间。“剧本分析”帮她厘清了存在于合伙关系中的、像乱麻一般的交流脉络，还使她意识到，自己一直以来都在固守着僵化的思维，进行着草率的决断——她利用这种独断专行的行事风格，试图确认自己的权力和威信，却使得自己被其他合伙人孤立起来。经过几次练习，她终于学会了关注同伴、理解同伴，在回应别人的思想和情绪时，也变得更加积极。在很短的时间内，这些合伙人的协作效率便迈上了一个台阶，而他们的事业也开始兴旺发达起来。

创新的领导方式需要“脆弱性”。

如果我们无法识别既有的思想和情绪，无法了解自己到底陷入了何种思维模式，并且没有能力着手改变这一切，我们就永远无法窥见生命的全貌，只能日复一日、年复一年地在同一个框架下生活——我们的生命将不会发生任何的改变。但是，如果我们能够意识到，自己的生活模式已经僵化，并且主动地打破这种局面，创意就会喷涌而出。

在“潜台词”的层面上，即使只发生了最为微小的变动，也会使我们的人生产生巨大的改变。实际上，意识到“潜台词”的存在——这种特殊的识别能力，本身就是一种与创意有关的、极为重要的天赋。下面的训练，可以提升你对于“潜台词”的识别能力：

■ 关注你的思想和情绪——尤其当自己处于压力中的时候。

■ 询问自己，“这种思想（情绪）来自于哪里？”

■ 每得到一个答案，都要重复一遍这个问题，直到得出最终的结果。那个结果就是“潜台词”。

我们将以这种方式，使“潜台词”浮出水面——这往往是个人成长和变化的开端，也是我们深刻了解创意障碍的起点。

遭遇创意“障碍”

当我们想要开启某段新旅程、做出某些重大改变时，往往会碰到一些意想不到的“障碍”。这些“障碍”有两个主要特征：

■“障碍”往往与目标相互冲突；

■“障碍”往往在我们即将取得突破性进展的时候忽然出现。

什么是“障碍”呢？

根据《牛津美国词典》，“障碍”意为“一种阻塞通道或者妨害进步的东西；一种困局或妨碍。”换句话说，它是创意的敌人。它所引发的精神压力，能够快速消耗我们的能量和精力，使我们暂时丧失掉对于灵感和机会的觉察能力。“障碍”分为很多种：它们有时会单独出现，有时彼此之间会进行复杂的组合。习惯性的行为模式、心理模式和“心理剧本”，都是最常见的几种“障碍”表现形式。

以下是各种不同类型的“障碍”：

■ 完美主义——“把事情做到最好”，这种心理和童年时期的经历密切相关——在成长的过程中，我们逐渐开始寻求外界的认可，并且一味地和他人进行比较。

■ 拖延症——不停地检查邮箱、翻看 Facebook（脸书），或者一直在看电视、发短信、打电话、翻冰箱找吃的……就是不愿意开始工作。

■ 注意力不集中——整天昏昏欲睡、不在状态，无法集中精力做事……它是拖延症的近亲。

■ 压力重重——心灵的担子太过沉重。

■ 厌倦或逃避——不愿承担应完成的任务。

■ 一片混乱——家庭中的争吵、工作中的分歧、财务上的混乱以及其他旷日持久的麻烦。

■ 轻率评判——无论是对于自己还是他人，总是做出一些非黑即白的评价，这种评价阻断了身体内部的“感觉联系”，在自我和创意之间挖出了一条难以逾越的鸿沟。

■ 恐惧——因为缺少自信、害怕失败而裹足不前。

■ 恼怒——因为愤怒无法表达或者无法消解而感到疲倦和沮丧。

“障碍”可能会这样说：

■ 我没有做成这件事情所需要的才干。

■ 我有何德何能，能够担起这份任务？它超出了我的能力范围。

■ 我没有受过良好的训练（教育）。

■ 其他人比我做得更好。

■ 已经有人做这件事情了。

■ 多出一个（创业公司、唱片、书籍、戏剧、餐馆、影片……），对这个世界而言又有什么意义呢？我们的世界真的需要这个东西吗？

当“障碍”变成“灾难”

“障碍”会对创意起到极强的抑制作用。经过不断地重复和积累，它们的破坏力将大大增强。举例来讲，一旦我们的生活被各种麻烦搅得“一片混乱”，我们就有可能耗尽自己的全部精力，再也无暇顾及那些创造性的活动；而如果拖延成了一种习惯，创意就会被不由自主地耽搁下来……这些情形都称得上是生活的“灾难”。

我就曾经遭遇过这些“灾难”。那时候，我正在紧张地制作一部电影，却陷入了自我怀疑和完美主义的怪圈。我的脑海中总是萦绕着同一个念头：“这次工作已经超出我的能力范围了。”在极度的焦虑和不安中，我不得不以一种消极的方式处理手头的工作——对于他人所有的决议和要求，都不假思索地加以否定。在我看来，对于陷入自我怀疑的人来说，否决他人的想法可以使自己迅速恢复对于外界环境的“掌控感”。但这种做法也招致了许多恶果：我和同事冲突不断、矛盾升级，自己甚至差一点丢了饭碗，而最后的电影也远远没有达到预期的效果。

如果我们刻意地忽略“障碍”，任由它们在生活中生长、蔓延，那些微小的“障碍”迟早会转化成巨大的“灾难”。它们迟早会伤害到你，伤害到你周围的人。

但是，假如“灾难”真的降临到生活中，也千万不要灰心丧气。从本质上来讲，“灾难”只是一种应激的心理反应而已——它是人类在面对完美主义和不安全感时的正常表现。我们没有必要把“灾难”料理得井井有条、妥妥帖帖，只要认识“障碍”，承认“障碍”，并且鼓起勇气、努力改变——即使不能把“灾难”的影响完全清除，我们的生活也会大为改观。

我们从小就被灌输了一种观念——“把事情做到最好”。实际上，当我们还是孩子的时候，我们并不会在意自己是否完美，我们只是活在当下，做着自己想做的事情，畅快地表达着真正的“自我”。然而，随着时间的流逝，来自他人的评价越来越多，我们的心境也逐渐发生了变化。我们忘记了自己本来的愿望，开始关注他人的意见，希望获得更多的称道与赞美；我们不再专注地感受“自我”，不再去认真地体验那些流动在身体里的“创造力”。就这样，我们逐渐学会了攀比和竞争。更为糟糕的是，只要某一次赞美和认可没有如期而至，我们便开始怀疑，自己到底做错了什么。创意就是在这个过程中逐渐变形、走样，并最终失去活力的——我们不再关注“自我”的感受、不再努力地表达“自我”，而是专注于获取外界的回应，这无疑是非常危险的。

限时写作训练：承认“障碍”的存在

第一步：把定时器设置成 5 分钟。

第二步：仔细回想一下，自己在生活中设置了哪些“障碍”？用什么样的方式设置的？把它们一一写在纸上。例如，“我在生活中设置了‘完美主义’的‘障碍’，我总是以最高标准要求自己，若是不能达到目的，就会狠狠地责备自己。”

进行一次缓慢的深呼吸，使自己的思想与“自我”保持联通，然后开始动笔写作。在此过程中，不要有任何停顿，一定要持续不断地写下去。

如果时间还没到，就已经把所有想说的全部写完了，你也绝对不能停笔。你可以在纸上写下下面的句子：“这些‘障碍’真是难以逾越，我实在是无路可走，竟然连话都说（写）不出来了。我虽然想要停止写作，却决不能这样做，因为我已经下定决心，要探索自己的‘障碍’了，又怎么能半途而废呢？”你可以把这些话连续抄写几遍，直到新的“障碍”从你的笔下写出来。

现在，开始和自己的“障碍”进行对话。倾听它的声音，看看它想要对你说些什么。

写作练习：找出终极“障碍”

第一步：想象自己即将开始创造。你坐在自己的书桌旁，或者站在自己的画架前，或者靠在厨房的工作台上……你想要创造一些东西——无论是写一本书、画一幅画还是做一顿饭——你想要达到目标，想要实现梦想，想要投身于某项事业中……在满心的期待与憧憬中，你会感觉到来自心灵深处的巨大压力。

第二步：把那些与压力有关的思想、感觉和情绪如实地记录下来。记录的时候，不要进行任何的筛选和过滤。

第三步：从第二步的记录中，选出那个让你感受到最大压力的思想、感觉或情绪，耐心和它交流。每当你感觉到压力随着这种想法（感觉或情绪）涌出来的时候，就询问这个想法（感觉、情绪）如下的问题：“你来自哪里呢？”每得到一个结果，就把这个问题重复一遍，直到你觉得，自己已经触摸到了这种想法（感觉、情绪）的关键。这就是“终极障碍”。

例子：

“我实在太累了。我打算画一幅画（弹一会儿钢琴、在花园中播种、和伴侣共度美好时光……），但我已经筋疲力尽了。”

问题：“你（疲倦）来自哪里？”

答案：“我今天真的不想再干活了。”

问题：“你来自哪里？”

答案：“我感觉这项任务太难了。”

问题：“你来自哪里？”

答案：“根据我的感觉，自己可能会失败，或者说，自己能力不够。”

问题：“你来自哪里？”

答案：“我担心自己会失败。”

问题：“你来自哪里？”

答案：“实际上，我真正担心的是，自己能力不够。”

在这个例子中，“自己能力不够”便是“疲倦”的关键所在。

第四步：一旦你找到了终极“障碍”并把它写下来之后，就努力开导自己，使自己放下心结，与心中的“障碍”展开交流和互动。

越过障碍的唯一方法就是迎难而上

在前两个练习中，我们写下的所有内容都是生活中的“障碍”。这些“障碍”都可以纳入“潜台词”的范畴。

现在，我们已经认清了“障碍”的面貌，也把它们的底细弄得一清二楚了。在以后的生活中，无论它们何时出现，我们都能够把它们迅速地识别出来。接下来，我们要设法克服这些“障碍”。

以下三个步骤可以帮助我们更好地克服“障碍”：

■ 承认“障碍”。自己的哪些行为方式（思考模式）能被划入“障碍”的范畴？

■ 理解“障碍”。“障碍”到底是什么？它的存在有什么意义？（提示：“障碍”和“灾难”都是一种应激的心理反应。）

■ 理解“自我”。在“自我”的诸多维度中，总有一部分“自我”对于人性的广博与伟大心存畏惧，而“障碍”就来自于那一部分的“自我”。把那一部分的“自我”看成一个不懂事的小孩子——热爱它、关心它。

一些特定的练习可以帮助我们面对“障碍”，并把我们从“障碍”中解放出来。而其中最有效的，当属拜伦·凯蒂创立的“功课”了。拜伦·凯蒂是一名教师，也是著名的《一念之转》的作者。完整的“功课”由 4 个问题组成，这些问题能够揭示生活中的“障碍”，并帮助我们彻底地改造“障碍”。

练习：功课——“自我质询”

第一步：找出你想要克服的“障碍”。

它到底是什么？拖延症？轻率评判？自我怀疑？压力重重？注意力不集中？完美主义？还是其他形式的“障碍”？

这些“障碍”会说些什么？这里是几个例子：

我不能克服拖延的习惯。

“我没有能耐，我不可能成功。”

“我之前失败过。我可能会再度失败。”

“没有人会想要我提供的东西（技术、管理、关心、帮助……）。”

……

第二步：用以下 4 个问题检验你刚刚提出的消极论调。

问题一：那些论调是真实的吗？（“是”或“否”。如果是“否”，请转到问题三。）你是不是真的遭遇了如此严重的挫折？是不是真的“拖延”到了无可救药的地步？你是不是真的陷入了紧张和焦虑中？……总之，你真的经历过这些事情吗？

问题二：你能绝对地宣称，这些都是真实情况吗？（“是”或“否”）。

当你扪心自问的时候，一定要记住：绝对的事情是很难说清楚的。

问题三：如果你相信那种论调——相信自己真的在拖延、注意力真的不集中、前进的道路上真的“障碍”重重——你的身体会有什么“反应”？你会产生什么“感觉”？

你的呼吸会发生什么变化？你的胃部、肩膀和背部又会出现什么样的感觉？是刺痛，还是麻木感？……

问题四：如果没有这些念头，你又会呈现出怎样的状态？如果你打消那种消极的想法，又会产生什么样的结果？

这 4 个问题简直能够“扭转乾坤”。任何时间、任何地点，只要你打算战胜眼前的“障碍”，就直接向这些问题求助吧。借助它们的力量，你能够真正明白，到底是什么样的念头在束缚着你，给你带来无尽的痛苦和折磨。

无论是独自工作也好、与人合作也罢，我在面对“障碍”的时候，第一反应就是“我不能”。是凯蒂的“功课”帮我走出了这个困境。后来，我也利用这种方法，帮助一名 CEO 成功地摆脱了家务事的烦恼。

这位 CEO 在事业上顺风顺水，自己的婚姻生活却矛盾重重。他在企业中做惯了领导，在婚姻中也开始“独断专行”，并引发了严重的情感危机。然而，他总是不愿意承认，婚姻的裂痕是由自己“CEO”式的行事风格造成的——他一直坚持己见：“我就是我，不是其他的任何人。我无法改变自己的行事风格。”

于是，我引导他思考那 4 四个问题：

- 他认真地思考了“我的行事风格无法改变”这一说法，最后只好承认，这一说法可能不是真的。
- 他不能绝对地肯定，那些“自我评价”都是完全合理的。
- 当他认为“自己无法改变”时，就会感到身体僵硬、情绪低落，对未来也充满了绝望之感。
- 在他的想象中，如果没有这种念头来缚着自己，他就能够以一种更加开放和灵活的态度处理自己的婚姻问题，更加积极地“回应”妻子的情感，而他本人也会“自由”许多。

在这个过程中，我想起了一句古老的谚语：“对于一个铁锤来讲，所有的东西都是钉子。”这位 CEO 就像一把“铁锤”，他把所有的东西——无论是工作还是家庭——都看成了“钉子”，恨不得把自己的领导才能施展到每一个角落。经过不断的“自我质询”，他终于意识到，自己根本没有必要时时刻刻都做一把“铁锤”——在后来的家庭生活中，他放弃了自己的“CEO”“本色”，成了一名体贴温柔的好丈夫。

接下来，我要向大家介绍一种“心灵封锁术”。这个练习能够“平衡”我们的思想和感觉，从而产生“心脑协调”的效果。任何时候，只要你感受到了“障碍”或者压力，都可以使用这个技巧。

心灵封锁术——化解障碍

第一步：找一个宁静的地方，放松 5 到 10 分钟。闭上眼睛，呼吸一次，把注意力转移到自己的心脏区域。

第二步：想象自己正在通过心脏缓慢地呼吸，吸气、呼气，再吸气、再呼气……

第三步：在利用心脏“呼吸”的时候，回想一种与“爱”或者“欣赏”有关的“感觉”。你可能会联想到自己挚爱的人或者饲养的宠物，进而产生一种“感觉”；当然，你也有可能想起新鲜出炉的曲奇饼的气味或者春天开放的茉莉花的气味。

第四步：想象自己正在通过心脏，把这种“欣赏”（或“爱”）缓缓地传送给“自我”和他人。

第五步：持续进行这种“传送”，坚持 5 到 10 分钟。在此之后，收回自己的思绪，缓缓地“返回”心脏。

一切完成之后，将注意力收回大脑，缓缓地睁开眼睛。

“心灵封锁术”不仅能帮助你快速化解“障碍”，还能重塑你的“神经通路”，使它们从陈旧的、熟悉的“模式”，进化成一种全新的“神经（通路）模式”。由于人们的能量是随着注意力涌动前行的。因此，在这些全新的“模式”上，你投入越多的关注和精力，就越能轻松地参透它们，而旧有的“模式”就会越快地分解、消亡——这一切都为创新准备了更加便利的条件。

克服障碍

我们不可能靠着一股蛮力去克服“障碍”。耐克“说做就做”的哲学在这里完全不适用。要知道，在处理问题的时候，我们已经形成了固定的解决套路。如果真的“说做就做”、强迫着自己向前走，也不过是在重复着自己的老路——错照犯、苦照吃，最后还是落入困境中。

克服“障碍”需要真正的勇气。“courage”（“勇气”的英文单词）来源于法语单词“le coeur”，意思是“心脏”。这可能意味着，真正的勇气和心脑协调有关。换句话说，要想克服“障碍”，我们必须发自内心地接纳自己的思想和情感。

除此之外，克服“障碍”也需要“投入”——对于实际行动的“投入”。我们都知道，最困难的时刻是刚开始上手的时候。这时，畏惧会占据上风，阻碍人们采取进一步的行动。但是，一旦行动的意志战胜了恐惧，并与创造的意愿产生激烈的碰撞，奇迹就会发生。

鼓起勇气，了解自己

一位修女给我发来了一封电邮。这位修女来自得克萨斯，因为工作的关系，平日里要和许多信徒交流。她在电邮中说，我的理论带给了她极大的启发——她把我设计的“三段叙述”分享给了大家。

首先，路易斯修女大致地讲述了一下三段叙述的原理。实际上，这三段叙述代表了创造力发展的不同阶段。

第一段叙述是：

“我‘创造’出了足够的东西吗？”这个问题往往会引出我们的“基本需求”。例如，我有没有“创造”足够的食物？有没有挣来足够的金钱？在紧要的事情上，我有没有集中足够的注意力？有没有获得他人足够的认可？……（注意：这里所说的“创造”是一种广义上的“创造”。因此，“注意力”和“认可”也可以算作我们“创造”的“成果”。）

第二段叙述是：

“我‘创造’的东西足够‘好’吗？”这种念头使我们永不满足，不断地奋斗、抗争，使自己的生活更上一层楼。例如，我的工作足够好吗？我的房子足够大吗？我编出的曲子足够动听吗？……在实际的生活中，这段“叙述”占据了我们大量的时间，耗费了我们大量的心理能量。

第三段叙述更像一句禅语：

“我‘创造’出的东西已经足够了。”我已经把自己想要创造的东西都创造出来了。

一旦到达了第三段叙述所在的阶段，创造就变成一种纯粹的行为，不再以“获取自己或者他人的认可”为目的了。自我和创造的关系也因此走向了成熟。

然后，她要求每个人都写出自己的第一段叙述，看一下自己到底最在乎什么、最想要创造什么。

接着，她要求众人思考以下的问题：自己想要把什么变得足够好？怎样才能做到这一点？怎样克服前进路上的种种“障碍”？在此基础上，写下第二段叙述。

写完之后，每个人都把这些叙述大声地读了出来。在听了别人的叙述之后，这些参与者受到了极大的启发——他们借鉴了一些有意思的东西，并把它们添加到自己的叙述中。

最后，路易斯要求每个人写出自己的第三段叙述，并再次和他人进行分享。

在自己的身上试验一下。你会产生什么样的感觉或念头呢？

第 9 章

掌控你的情绪

艺术家好比一个容器，里面盛放着各种情感。它们的来源五花八门：有些来自天空，有些来自大地，有些来自一张碎纸，有些来自一个蛛网，有些来自一抹朦胧的身影……

——毕加索

你已经成功了。你已经越过了创新道路上的重重“障碍”。现在，我们即将开启创意的“心流”。

我认识一些成就斐然的创新者。他们总能清醒地意识到，创意的“心流”与自我的情绪之间关系密切。他们擅长调节自己的情绪，并总结出了一些使创造力迅速恢复生机的方法：

- 感受自己的情绪。
- 一旦感受到了某些情绪，就立刻把它们释放出来。
- 继续感受新的情绪。

情绪是创意的源泉。一旦把体内的情绪完全“打通”，我们距离创意就又近了一步。

但是，在实际生活中，许多人都无法辨别自己的情绪。这往往是“恐惧感”在作祟。许多人害怕某些情绪，拒绝去感受它们。我就是这样的一个例子：我不想让自己感到“不安”“失望”或者“悲痛”，只有保持麻木状态、忽略自己的情感和身体上的知觉，我才有可能心安。我也曾错误地认为，人类的情绪分为“积极”和“消极”两种，那些“消极”的情绪没有任何价值……当然，后来的事实证明，这些观点都是极其荒谬的。

情绪没有好坏之分

无论情绪是积极的还是消极的，都要沉下心来去感受。无论自己所感受到的，是喜悦还是悲伤，无论它们是使你心境开阔，还是让你几近窒息，都要把这些情绪完全释放出来。如果你无法感知某种情绪，或者极力压抑自己的情感，你的创造力和生命的活力就会受到严重的损害。

对于任何一种情绪而言，只要你能够深刻地体验它，然后把它迅速地释放出来，它就可以称得上是一种积极的情绪。

如果你让情绪自由通过自己的“身体”，那么，它在到达最高点后，便会自行减弱，最终完全消失。我们根本不需要采取任何手段，刻意地去操纵它、化解它——任何形式的干预只会加速创造力的流失。对于那些自然生发的情绪，不要老是紧抓不放，它们只有在被体验完并释放掉之后，才能真正“积极”起来。

真真正正地活在当下：深刻地体验情绪

对于创造者而言，某种情绪若是无法被人类感觉到、无法完全释放出来，就可以被划入“消极”情绪的范畴了。因此，为了降低“消极”情绪的影响，我们必须学会深刻地“体验”（感觉）

情绪。这并不意味着，我们要凭空捏造出一些让我们心碎的桥段，或者是让自己陷入歇斯底里的状态中。“深刻”不是故意求得的，而是来自于对当前情绪的理解和洞察。

一般来讲，我们很容易纠结于过去的经历，沉湎于未来的图景。然而，一旦我们深刻地体验了自己的情绪，就能完全摆脱掉过去和未来的“干扰”，真真正正地活在当下。

还有一个办法，可以帮助我们面对那些可怕的情绪：我们可以把这些情绪看成一个特殊的“火绒匣”，并用它来引燃自己的创造力。这些“情绪燃料”不仅可以帮助我们进行艺术上的“创造”，还能够把我们的生活雕琢成精美的“艺术品”。

> 对于创造者而言，某种情绪若是无法被人类感觉到、无法完全释放出来，就可以被划入“消极”情绪的范畴了。

如何与情绪缔结联系？

实际上，每个人都曾受过某种情绪的困扰。对于这种情绪，我们一直保持着戒心，时刻想着压制与对抗；并且担心自己一旦放松警惕，就会被它完全毁灭掉。常见的极端情绪——悲伤、愤怒和恐惧——只是这类情绪中的寥寥几种而已。

其实，比起想方设法战胜这些情绪，学会如何与它们缔结联系似乎更加有效。

缔结联系并不意味着“完全认同”。一旦你完全认同某种情绪，就会不自觉地陷入困境中——这种情绪将粘附在你的“自我”意识上，使你无法轻松地摆脱。但是，如果你能够和情绪“缔结联系”的话，就能避免这种约束，从而能够自由地使用一些方法来实现自己对于情绪的掌控。

这一方法有三个步骤：体验情绪、告别情绪和迎接新的情绪。

举例来讲，在面对恐惧时，我们既可以选择认同这种情感，相信“自我”已经和它融为一体，也可以把它看成心灵世界的过客——和它友好相处一段时间，等着它自行离开。我们要反复地提醒自己：“恐惧”和“自我”是相互分离的——“自我”体验着“恐惧”，而非“拥有”着“恐惧”，它们之间只存在着暂时的“联系”。我们应该做的，是深入地感受“恐惧”，看一看它是否携带有重要的信息（关于“自我”心理状态的信息），然后把它完全释放掉。

有些时候，我们可能不愿意让情绪离开；这意味着我们认同了这种情绪——“自我”和情绪完全一致，不分彼此。如果这种情绪恰好是负面的，我们就会因此认为，“自我”也应该是糟糕透顶的。在这种情形中，恼羞成怒的我们自然会与情绪进行搏斗，力图把它们驱逐出境，而不是心平气和地让它们穿过自己的心灵世界了。

选择能量状态

作为创造者，我们可以和情绪缔结一种全新的联系——一种“超创意”的关系。要想引发这种联系，首先要认识到，情绪就像物理上的“频率”一样，能够产生特定的能量状态（简称“能态”)。要想到达特定“能态”，关键在于，无论头脑中冒出什么东西，都要进行深刻地体验，然后让它自行消散，在此之后，还要认真选择，自己想要增强哪个方面的“能态”。这就好比，在洗澡的时候，如果想洗热水，就把开关转向“热”的方向；如果想洗冷水，就把开关转向“冷”的方向。而为了更舒服一些，我也可以把两者混合在一起。一切都可以随着选择而自由调节。对于人们的“能态”来说，道理也是如此。

换句话说，掌控自己的情绪可以帮助我们更好地选择“能态”。但是除非我们深入体验过来自体内的情绪和能量，否则，我们将不可能拥有选择的机会。通过练习，我们可以成为一位“选择”的大师。而接下来的练习可以帮助我们增强选择的能力。

练习：走进思想和情绪的“花园”

我们可以通过特定的练习，提高自己感受情绪、释放情绪的能力。我最喜欢的练习名叫“走进思想和情绪的‘花园’”，它能激发出新的情绪、创造出新的“神经联系”，并最终使我们达到“心脑协调”的境界。

这项练习的道理在于：情绪和思想总是相互联系的。把它们合在一起，就能够产生无与伦比的创造力。我们可以想象一下拔萝卜的场景：当我们把萝卜拔出来后，根也会被一起带了出来。与此类似，当你拔出一种想法时，上面附着的情绪也会被拔出来；当你拔出一种情绪时，它附带着的想法也会从土中钻出来。

在开始练习之前，翻阅一下第 4 章的《情绪词汇表》。从列表中随机选取两种“情绪”，然后走进思想和情绪的“花园”。

第一部分

坐到一个舒适的地方，进行几次深呼吸，使自己彻底放松。

第一种情绪：

从列表中选择一种情绪，并进行深入的感受和体验。

当自己沉浸于这种情绪中时，头脑中冒出了什么念头？如果没有任何想法产生，那么，“没有任何想法”就是你的念头。

情绪和想法之间的联系，并不总是符合逻辑。一种普普通通的情绪，极有可能诱发出荒诞不经的想法，反过来也是如此。因此，无论头脑里冒出什么，都没太大关系，只要把所有的念头都识别出来就好。

然后，排空所有的情绪和念头。

第二种情绪：

以同样的方式，处理第二种情绪。持续不断地“感受”这一情绪，同时注意头脑中冒出的所有念头。实际上，我们不需要完全弄懂这些想法的含义，只要“关注”它们就好。

然后，排空所有的情绪和念头。

第二部分

现在，变换一下操作流程，用想法触发情绪。

你可以用以下的想法进行练习，也可以选择其他的想法。

想法一：最愉快的假期

回想自己度过的所有假期，找出自己最喜欢的一次度假经历。在那个假期里，发生了什么美好的事情？

持续不断地进行思考，直到有某种“情绪”从身体中冒出来。

深入地体验那种情绪。

然后，排空所有的想法和情绪。

想法二：你的工作或事业

把目光投向你的工作或者事业。

持续不断地进行思考，直到有某种情绪从身体中冒出来。

这种情绪是什么？深入地体验它、感受它。

然后，排空所有的想法和情绪。

进行一次深呼吸，使自己恢复到平静的状态。

就像健身可以增强腹肌力量一样，这项锻炼也能够使你的“创意肌肉”强健起来。我建议定期进行这项训练，它会带来令人叹为观止的回报。经过长期的练习，对于自己的思想和情绪，你将有一个更加清晰的认知，而你的情绪也会朝着更加健康的方向发展。

下一项训练是找到不良情绪的闪光内核。你会发现，在那些焦虑、恐惧、失意、愤怒、怨恨……之下，隐藏着一股惊人的创造力。

冥想训练——发现隐藏的创造力

找到一个宁静的地方，方便自己进行反思和写作。

集中注意力，进行几次深呼吸，使自己完全放松。花上几分钟的时间，与“自我”进行深入的“联系”和“交流”。

第一步：为你的情绪能量打分，分数限定在1到10分之间。

1 分代表你感觉到某些严重的束缚，10 分代表你心境开阔、与“自我”亲密无间。

第二步：此时此刻，你的身体有什么感觉？你可能会感到憋闷不堪，或在身体某处有略微的刺痛感——我就经常感到胸闷气短、脖子僵硬。除此之外，“麻木感”和“空虚感”也可以算在“躯体感觉”的范围内。

用一两段话描述自己的感觉。

第三步：想象那些感觉与第一步的情绪之间存在着某种“联系”。你的任务就是弄明白这种“联系”。花上几分钟的时间，用文字描述这种“联系”。

继续挖掘和这些感觉、情绪有关联的想法或念头。

第四步：描述你挖掘到的想法。比如，你会不会不由自主地责备自己？这些感觉是不是触发了你的攀比心？你的头脑中还会冒出哪些念头？是想要逃避一切，还是想要惩罚自己？……

花上几分钟的时间，把发生在头脑里的念头记录下来。

第五步：为你的创意能量打分，分数限定在 1 到 10 分之间。1 分代表较低的能量水平，10 分代表较高的能量水平。

在深入了解了自己的思想和情绪，并把它们（用文字）表达出来后，你的创意能量是否发生了变化？用一两段文字描述这种变化。

经常重复这两项练习，可以帮助自己更好地表达和释放思想、感觉和情绪。而一旦知道了如何处理这些情绪，你就不会再为它们贴上“积极”和“消极”的标签，你的“创造商”也会随之提高。

在过去的很多年里，我一旦遇到了压力，就会把自己的心灵与“自我”以及身体的“感觉能力”隔绝开来。这就好像在聊天中神游天外一样——我感觉不到“自我”在“讲”些什么，我感觉不到自己的身体在“讲”些什么。而通过这些练习，我抓住了那些被我遗失的东西，并最终恢复了创造的活力。

我曾经和一名演员共事过。他告诉我，自己是一个“超级工作狂”。他一直无视自己的情绪，甚至连最基本的身体知觉——像饥饿的时候吃饭、疲倦的时候睡觉这样的生理需要——也一并忽略。在我的提醒下，他终于意识到，长期以来，他都把自己当做一件没有情感的物品，在面对他人的思想和情绪时，也是一样的木讷和迟钝。他把工作之外的一切都忽略掉了，从不关心自己的创意、健康、人际关系……对于他来讲，这些回顾和反思都是极其痛苦的，但他依然坚持这两项练习，使自己的情况逐渐好转。他终于发现了思想和情绪的丰富内涵，并且，随着他“感觉能力”的提高，和周围朋友的关系也越来越融洽了。

这名演员的改变，从本质上讲，是自我能力得到了提升。如果一个人感觉能力受到了限制，就会在情感上与他人隔绝开来。毕竟，对于所有人而言，最亲密的就是“自我”，如果我们尚不能和“自我”形成紧密的情感联系，又怎么会与其他人培养出深厚的感情呢？理解了这一点，你的生活将会发生巨大的改变。

第10章

牵手“缪斯”女神：走入创意的“心流”

我们的目标并不在于“创造”艺术，而在于进入一种特殊的状态，使“艺术”随时能从头脑中喷薄而出。

——罗伯特·亨利

在整个职业生涯中，我最满意的一部作品是一部纪录长片，名叫《当我还小的时候我以为自己将非常幸福》。它讲述了12个孤儿的故事：他们在卢旺达大屠杀中幸存下来，经过漫长的岁月，情绪创伤逐渐愈合，人生也开始走上正轨。在摆脱了“创伤后精神失调症”（PTSD）之后，这些年轻人开始行动起来，把自己的绝望和悲痛化作同情和关怀，帮助其他不幸的人们渡过难关。不少人得到了帮助，其中包括一些在桑迪胡克枪击案中幸存的孩子们。

（注：2012年12月14日，在康涅狄格州的纽敦城，一个名叫桑迪胡克的小学发生了枪击案，枪手射杀了20个儿童和6个成人。）

在此过程中，发生了一个感人的事件：通过网络电话，一个卢旺达女子不断地开导、安慰着一个11岁大的纽敦男孩。在枪击案中，这个男孩受到了严重的刺激，无论是监护人还是心理医生，都无法使他敞开心扉。但是，在和这名女子交流之后，他逐渐从创伤中恢复了过来，并最终返回了校园。到了新的学校后，他用尽一切办法，为这名女子筹齐了4年大学的费用，借此表达自己的感激之情。这就是“爱的循环”。

纪录片完成之后，我把它展示给几个制片人，希望得到一些意见。

“你做得还不够，”他们说，“中间的部分有些拖沓。”

听到这些，我当然不高兴，但是，凭着我的直觉，我知道他们是对的。

对于这些评价，我的剪辑师当然也很失望。我们争吵、抱怨了一番，最后还是回去工作了。我们先剪掉了 6 分钟，又剪掉 2 分钟……最后又剪掉了一些。

这时，令人惊异的事情发生了。

刹那间，“缪斯”女神从天而降，给我们带来了丰富的灵感。我们利用那些闲置的素材，设计出一个全新的情节：在加利福尼亚州的帕西菲克格罗夫市，一个班的孩子为一名年轻的卢旺达学者捐款，使他得以完成学业。孩子们聚在一起，给那位年轻的学者打网络电话。他们发自肺腑的关怀和善意，跨越了千山万水，传到那名年轻人耳中。

到了最后，“把影片剪短”已经不再重要，我们在“缪斯”女神的引导下，通过加入上述的新情节，提升了情感的深度，进而有力地推动了故事的发展。到了再次试映的时候，所有人都感觉这部片子很圆满……那个新情节也成了影片中最富感染力的桥段。

在实际的行动中，每当外界布满“障碍”、内心溢满惶惑时，我们都要向“缪斯”虔诚地祈祷，祈求她们降下足够的启示。她们是创造者的助手，能够用好奇驱散疑虑，用灵感取代“障碍”。

在实际的行动中，每当外界布满“障碍”、内心溢满惶惑时，我们都要向“缪斯”虔诚地祈祷，祈求她们降下足够的启示。

看不见的盟友：九位“缪斯”女神

在过去的几千年中，艺术家在创作之前，都要向“缪斯”虔诚地祈祷，祈求她们给予知识和引导。公元前 8 世纪的史诗《奥德赛》，就以这么一段祈祷开始：“缪斯啊，在我的身体中歌唱吧！协助我讲述这个动人的传说……”

就这样，诗人虔诚地祈祷着，希望创意能在身体中翻涌奔腾。

“缪斯”女神是希腊神话中的 9 位女神：塔利亚、克利俄、卡利俄珀、忒耳西科瑞、墨尔波墨涅、厄拉托、欧忒耳珀、波吕许谟尼亚和乌拉尼亚。从某种意义上讲，她们本身就是一些强大的创造力，她们渴望为我们提供帮助，以使我们顺利地表达“自我”、发展创意、完成那些至关重要的事情。她们是我们看不见的盟友。当你得知了她们的名字或者探问过她们的想法之后，你可能会发现，有些“缪斯”早已在你的生命中出现过——你已经对她们非常熟悉了。而当你逐渐了解到她们各自执掌的领域，并与她们进行亲密协作之后，你的“感觉”就会得到激发，纷繁的“图像”与重重的“记忆”也会源源不断地从你头脑中冒出来。

“缪斯”女神：如何与她们协作

在探究“缪斯”的奥秘的时候，不要被神话这个词误导了。“缪斯”来源于神话，却并不是一种虚无的形象，她们有着实在的意义。“缪斯”代表了创造力，这种创造力存于结构化的想象力之外，充满了新鲜的活力和瑰奇的想象。借助她们的力量，我们能够培育出富有生气的思想和情绪。

塔利亚天真无邪，性情幽默，她总能唤醒你的活力。她会对你说：“碰一碰运气。尝试一些新的东西。品尝一些新的东西。”

克利俄掌管“历史”和“传统”。她会对你说：“探索你自己的‘历史’和‘传统’。从过去的经历中，找出被埋没的珍宝。在记忆中勘探创意的矿藏。”

卡利俄珀则代表了“使命”的“召唤”。她的声音穿透尘嚣，试图把你唤醒：是时候彻底改变自己了。

她会问道：“你是否听到了理想的召唤？你要走向何方？”她希望你找到自己“真正的使命”——无论它是写作、烹饪还是园艺工作，并坦率地表达出自己对这一“使命”的想法和“感觉”。

忒耳西科瑞是掌管行动的缪斯女神。在理想觉醒之后，为了能够完成转变，我们必须有所行动。

她总是在激励着我们：“你今天能够做些什么？能否为了自己的理想迈出第一步来？要干什么就赶快去做吧。”

墨尔波墨涅掌管着尊严和悲剧。她鼓励你做自己生活中的“英雄”。她能使你鼓起勇气面对困境，也能帮你自信地“感受”情绪而不至于深陷其中。

她告诉你：“要为他人着想，多做一些具体的事情。”比如，向饱受困厄的邻居伸出援手、通过歌唱和写作来纪念他人。这些都是“英雄式”的行为，但对于一个真正的“英雄”来说，最重要的品质还是积极和乐观。

厄拉托掌管着爱情、友情、欲望和同情心。她是情感的化身。

她说:“你能为别人做些什么呢？怎样才能更好地安慰别人，鼓励他们勇敢地走下去？你可以给他们做一顿饭、讲一个故事、主动向他们问好……总之，爱的奉献不分大小。”

欧忒耳珀掌管音乐和直觉。音乐能够恢复人的精神，激发人的情感，增强人们的创造力。她鼓励我们:“要聆听各处的音乐——街上的声音、水龙头的滴水声、玩耍中孩子们的声音……除此之外，还要跟随你的直觉。”你感受到的各种直觉实际上是欧忒耳珀的“低语”——她在利用这种手段，向你传达重要的信息……

波吕许谟尼亚是掌管象征和颂歌的缪斯女神。她通常和“纯音”联系在一起，比如长笛奏出的声音。她总是这样说:“静静地坐在那里，聆听‘纯音’的声响，让想法和情绪从潜意识中自由地冒出来。

“除此之外，还要留心生活中的各种象征和隐喻。我们可以回忆一个梦境，把它写下来，然后弄清楚这个梦可能意味着什么。”

乌拉尼亚代表了神圣的“一体性”。她总是这样说:“对于自己所有的经历，都要保持好奇心，要学会从司空见惯的现象中找出新的内涵。我们的任务，就是弄清一切事物是怎样相互‘联系’的。”

走入“心流”

一旦你结识了“缪斯”女神，并始终和她们保持“互动”，她们就会时刻与你同在。她们会感受到你的真诚和毅力，并会对此做出回应。即使你的注意力暂时从工作上偏离，她们也不会擅离职守，而是开始与“潜意识”合作，为你提供丰富的创意和灵感。有了这样的盟友，你就不再是孤单一人，在创造的时候心情就会轻松许多了。总之，召唤缪斯是进入创意“心流”的有效途径。

加强与“缪斯”的联系

缪斯静候着你的邀请。“邀请函”则是你的意愿——即使前方有重重险阻，也要坚持行动的强烈意愿。无论我们遇到什么样的“障碍”——拖延症、完美主义、筋疲力尽、文思枯竭、注意力分散——只要我们愿意为创造付出行动，“缪斯”就能帮我们把问题妥善解决。

那么，我们怎样才能加强自己和“缪斯”的联系呢？

培养程式化行为。为你的创意项目安排一个固定的时间和地点。你可以安排在每天的上午 7 点、下午 3 点或者凌晨时分——只要和自己的生物节律同步就好。当然，可能对你而言，最有效的时间安排是每周工作 3—4 次，每次都安排在相同的时刻……无论怎样，在选择好时间和地点之后，都要完全固定下来，不要随意更改。

当你在固定的时刻、固定的地点工作一段时间后，你的状态会发生什么样的变化？

用心布置工作区。用各种元素（颜色、纹理和物品）装饰工作区，确保它们能够触发想象力、促进情绪在体内流动。你也可以选择一些乐曲，作为工作区的背景音乐。总而言之，营造一种清爽自然、富有活力的氛围，为你的创意提供一个良好的触发环境。

有节奏地活动身体。当你自由地活动身体，或者随着节奏摇摆时，头脑中的“神经联系”就会被唤醒，创意能量也会得到释放。我们没有必要去跳一些复杂的舞蹈，只要随着洗衣机的“嗡嗡”声摇摆、和着风铃的声音呼吸、踩着雨滴的节拍走动、听着窗外的鸟鸣伸展四肢……仅仅坐在书桌旁，就可以进行花样繁多的活动。

启动创意之泵。一些写作技巧可以打开意识的大门，使“缪斯”进入其中。无论你在为眼前的问题寻找解决方法、在为自己的项目规划下一步骤，还是在苦苦地寻觅着灵感，这些写作的技巧都会对你有所帮助。

限时写作训练：遇见“缪斯”

拿一个煮蛋计时器或者闹钟，设定好自己想要的时间（3—5 分钟）。在这段时间内，选择任意的话题，进行不间断的、随意的写作。例如，你可以写下自己对于工作有什么“感觉”，对于“到大自然中去”有什么“感觉”，对于自己“爱上法国葡萄酒”这件事有什么“感觉”……也可以选择两个不相关的主题，寻找它们之间的“联系”。比如，在后院的梨树和邻居的银色房车之间，到底存在着什么样的“联系”？

在进行这些训练的时候，你会自动触发缪斯的帮助，从而得到一些出人意料的点子。

另一种创意训练是，利用自己的“辅助手”，随意地写出一些东西。如果你习惯用右手，就换成左手写；反之亦然。当你想要应付自己的情绪时、当你为眼前的问题抓耳挠腮时，不妨尝试一下这个练习，看看到底会发生什么。

练习：“头脑仓库”

接下来，我们要引入一个名叫“头脑仓库”的练习。它和“头脑风暴”类似，都能够帮助人们开启创意的大门。

练习要求：暂时关闭心中的“检查系统”，对于头脑中的一切想法，不要进行任何筛选和过滤。假如一个小孩子和你分享他的想法，或者向你展示他刚刚完成的一幅画，无论这些想法或作品多么幼稚，你都不会舍得批评他。同样地，我们也可以把自我看成一个小孩子，把心中的批评与苛责暂时搁置一下。

不要隐瞒任何事情。在这项练习中，你可以倾吐出自己最原始的想法、情感、脑中的图像、心中的话语……让它们自然流露到纸页上或者画布上，或者录音设备里，或者其他任何能够记录它们的地方。不要去想接下来究竟要对它们做何处理。

“尊重”那些惨淡的开始。你可以登录一些网站，例如 theatlantic. com 和 flavorwire.com，获取一些经典文学作品的原始手稿。在那些网站中，你可以看到《哈克贝利·费恩历险记》的手稿、编辑在《包法利夫人》底稿上的修改痕迹，以及其他有意思的原始文件。你会发现一个现象：那些饱受好评的电影、戏剧、歌曲和绘画作品，最原始的版本都极其糟糕——在刚开始的时候，作者只是把几个粗糙的点子串在一起，凑成了一个个拉杂错综的组合体而已。

如果你正在为自己的书取一个书名，却因为毫无灵感而失望不堪，不如先看看那些传世名作的命名历程吧。你若是知道了托尔斯泰的《战争与和平》最初叫《结局好，样样好》、斯坦贝克的《人鼠之间》最初叫《发生的某些事》，心里会不会好受一些呢？

最初的点子也许很蹩脚；但在不远的将来，一定会有更加绝妙的想法出现。

“汽化”批评者

我们总会对自己的行为做出各种各样的评判。我把这些评价的源头称作内心的“批评者”。当它们聒噪不停时，我就会“汽化”它们，以此来解决烦恼。把这些恼人的“批评者”赶出来后，内心的“空间”一下子大了许多——几位缪斯女神也终于有了宽敞明亮的“栖居之所”。

闭上双眼，放松身体，按照顺序走完以下步骤。

第一步：试着回想一个情景：某些人正在七嘴八舌地评价着你。细细地体验当时的经历，看一下是谁在评价你，弄清楚他到底在说些什么（或者你认为他们“一定”在想些什么）。

你的身体中出现了什么感觉？

第二步：一旦你清晰地“感知”了这次经历，就利用自己的想象，把那个人彻底“蒸发”掉。你可以使用任何“蒸发”手法：激光枪、炸药、弹射椅……总之，把那个“批评者”从你的生活中清除掉。

第三步：感受自己摆脱批评者后的感觉。你的身体中出现了什么感觉？你的内心感觉如何？你感知到了什么情绪？在你所处的环境中，有没有什么事情发生了改变？

当一切圆满结束后，进行一次深呼吸，然后缓缓地睁开眼睛。

就像我们总会遇到各种“批评者”一样——在前进的道路上，的确会有许多“障碍”出现，但它们并不一定会阻挡你。大方地承认这一点吧！你会发现，创意从身体中喷涌而出，“障碍”也似乎不再无解了。

不断重复上面的练习，你将会有意料之外的收获。

触碰“缪斯”

为了获取灵感，你想要召唤哪些缪斯？是塔利亚、克利俄、卡利俄珀、忒耳西科瑞、墨尔波墨涅、厄拉托、欧忒耳珀、波吕许谟尼亚，还是乌拉尼亚？此时此刻，哪位缪斯进入了你的创意灵魂中？

天真和幽默

历史、传统和记忆

真正使命的“召唤”

果断的行动

尊严、乐观和勇气

爱、同情和欲望

音乐和直觉

象征、隐喻和潜意识发出的“纯音”

事物间的相互联系

把手指放到其中一行上，感受流过手指和心灵的创造力。利用这种方法，找到今天陪伴着你的那位缪斯。

试一试！把创造力“敲”出来

我的同事尼克·奥特纳创立了一种“敲击术”。这项练习可以帮助我们克服“障碍”，开启创意的“心流”。

“敲击术”的原理是：根据中国的经络学说，在我们的脸上和身体上，有一些和情绪相关的“点”，用指尖轻轻敲击这些点，就可以触发体内的情绪。因而，“敲击术”有时也被称作“情绪针灸”。

在这个练习中，我们要依次敲击 9 个部位，并按照步骤中的提示，一小句、一小句地说完以下内容：

“当我‘创造’________（小说、剧本、雕塑、网页、人际关系、经营方案……）的时候，我投入了自己全部的注意力。

“我的一切经历和体验，都被永远保存在了潜意识中。并且，我随时都能够‘调用’它们。

“我想要获得自己所需的全部资源和信息，借此来实现自己的目标________（小说、剧本、雕塑、网页、人际关系、经营方案……），从而达到________（激励他人、获取成就感、开心生活……）的目的。”

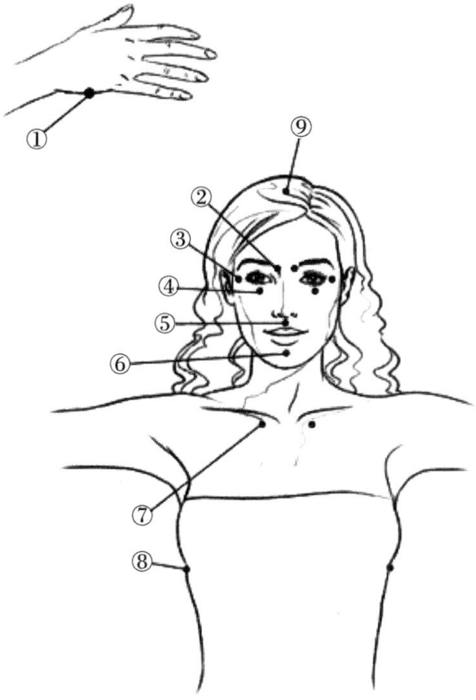

1.“手刀”　2.眉毛　3.眼角　4.“卧蚕”　5.人中　6.下巴颏　7.锁骨　8.腋下　9.头顶

用哪只手进行敲击？

如果你是右撇子，就利用右手中指、食指和无名指三个手指的指尖；

如果你是左撇子，就利用左手中指、食指和无名指三个手指的指尖。

每个位置敲击多少下？——事实证明，三到五次比较合适。

开始敲击！

第一个部位：轻轻敲击左手的“手刀”。如果你是左撇子，就敲击右手的“手刀”。

在敲击“手刀”的时候，不断重复以下的话语：“当我‘创造’________（小说、剧本、雕塑、网页、人际关系、经营方案……）的时候……”

第二个部位：用两只手轻轻敲击眉毛。

在敲击眉毛的时候，重复第一步中的话语：“当我‘创造’________（小说、剧本、雕塑、网页、人际关系、经营方案……）的时候……”

第三个部位：用两只手轻轻敲击外侧的眼角。

在敲击眼角的时候，重复以下的话语：“……我投入了自己全部的注意力，我投入了自己全部的注意力，我投入了自己全部的注意力。”

第四个部位：用两只手轻轻敲击眼睛下面的部位，敲击点恰好位于颧骨的中央。

在敲击这个部位的时候，重复以下的话语：“我的一切经历和体验，我的一切经历和体验，我的一切经历和体验……”

第五个部位：用一只手或者两只手，轻轻敲击自己的人中。

在敲击的时候，重复以下的话语：“……都被永远保存在了潜意识中，被永远保存在了潜意识中，被永远保存在了潜意识中……”

第六个部位：在嘴唇和下巴之间，有一个小小的凹陷。用一只手或者两只手，轻轻敲击那个部位。

在敲击的时候，重复以下的话语：“……我随时都能‘调用’它们，我随时都能‘调用’它们，我随时都能‘调用’它们。”

第七个部位：轻轻敲击锁骨的中央。你可以敲击一块锁骨，也可以同时敲击两块锁骨。

在敲击的时候，重复以下的话语：“我想要获得自己所需的全部资源和信息，我想要获得自己所需的全部资源和信息，我想要获得自己所需的全部资源和信息……”

第八个部位：任选一只手臂，敲击它下方的部位。对于女性来说，这个点位于文胸线的附近；对于男性来说，这个点与腋窝大约有一掌的距离。

在敲击的时候，重复以下的话语：“……借此来实现自己的目标__________，借此来实现自己的目标__________，借此来实现自己的目标__________（填入第一步的创意目标）。”

第九个部位：用一只手或者两只手，轻柔地敲击头部中央。

在敲击的时候，说一说自己为什么要进行那种“创造”。

例如：

“我的目的是激励他人，激励他人，激励他人……”

“我的目的是获取成就感，获取成就感，获取成就感……”

“我的目的是生活得快快乐乐，生活得快快乐乐，生活得快快乐乐……”

尾声：完成这个流程后，进行一次深呼吸，把所有的想法和体验都“释放”掉。

在今后的生活中，无论何时何地，只要自己有需要，都可以重复这个技巧。

第11章

制造“形象”

人类并不是一成不变的，他们不能永远保持出生时的那副模样。在生活的磨炼中，他们一次又一次地脱胎换骨，改变着自己的生命历程。

——加西亚·马尔克斯

我们生来就具有无限的活力，我们都拥有“创造”和“成功”的才能。既然如此，为什么我们总是错过各种进步的机会，无法挖掘自身的天赋呢？

为了解答这个问题，我们可以去看一下那些经典的西部电影。在这些电影中，总会出现这样的镜头：英雄经过不懈的努力，成功驯服了烈马——在驯马的过程中，这匹马总会发疯似的乱踢乱动，甚至会把英雄掀下马来；但到了最后，较量总会停止，英雄总会取得胜利。“灰心丧气”的马放弃了挣扎，它不再狂怒地奔跑，而是驮着英雄缓缓前行。从此以后，这匹马就会一直追随这位英雄，就像小鸭子跟随着自己的母亲一样。

到底发生了什么？公马更大、更强、更快，为什么不抓住机会逃回草原呢？到底是什么阻止了它？

原因在于它的“自我形象”。

在马的意识中，“套上马鞍”意味着它彻底落败，它的形象从此被定格为“受驯化的牲畜”而非“自由奔跑的精灵”。思想固化以后，即使有机会逃跑，它也将无动于衷，它变成了“自我形象”的囚徒。

什么是“形象”？

在我们的认知中，自己是什么“模样”？在世人面前，我们又展示出了什么“模样”？这些所谓的“模样”，就是我们的“形象”。

当你成长的时候，你的“形象”也要有所成长。如果不能及时调整自己的“形象”，你就会受到极大的束缚，很难有所进步和发展，无法进行真正的创造。

这一点极为重要。如果你总是囿于原有的自我认知，无法为自己设想出一个全新的“形象”，那么，你就会永远停留在旧有的“形象”中。举例来讲，假如你无法“想象”自己富有创造力，你就不可能拥有事实上的创造力——因为你已经从最根本的思想上，把这种可能性扼杀掉了。

作为一个创造者，我们一定要善于创造新的“形象”。

你是怎样看待自己的？

我要求人们用三个形容词描述自己。他们可能会说，“我是友好的、执着的、忠贞的”，或者是“我是富有爱心的、勤奋努力的、感情失败的”，或者是“我是成功的、浪漫的、焦躁的”……在这几个词语中，包含了大量的个人信息。

那么，在你的认知中，自己是一个什么样的人呢？

“三个形容词”

想象自己正面对着未来的雇主，你要告诉他“你”是什么样的人：

形容词一：______________________________

形容词二：______________________________

形容词三：______________________________

来自身体的信息。回顾这几个形容词，在身体里面“感受”每一个词语。你有什么样的感觉？胃部是否有些不舒服？胸口是否憋闷？脖子是否僵硬？手中是否聚满了热量？脑袋是否嗡嗡作响？

翻译身体的信息。在身体的“感觉”和三个形容词之间，存在着怎样的联系？花上 3 分钟的时间，写下那些“感觉”想要“告诉”你的东西。

在写作的时候，思考以下问题：这些“自我描述”（三个形容

意到，某些词语、主题和想法在文章中屡次出现。把它们标出来或者记录下来。在接下来的步骤中，它们将派上大用场。

一页纸。把你写下的所有东西浓缩到一页纸中。

一段话。把一页纸缩减成一段话。

一句话。把一段话缩减成一句话。这句话揭示了自我形象的本质。

一个词。把一句话缩减成一个词。这个词就代表了你的形象。

第二部分——构建新形象

“你要变成什么样的人？”用一句话表达你的想法。

把这句话拓展成一页纸。

接下来，把这页纸拓展成“许多页纸”。一直写下去，不要有任何的停歇。当你不间断地写作 30 分钟后，停下手中的笔。

把这些步骤反过来——把你写下的所有东西缩减成一页纸、一段话、一句话，直至一个词。

那个词就是你的新形象。

把这个形象变成现实。把这个形象列入“待完成”的事项表中、深入地理解这一形象、利用一切手段把自己塑造成这个形象……

形象构建完成后，还要进行各种修改和完善。我们可以使用冥想、祈祷、幻想等不同的手段，也可以通过不断地写作，来达到优化“形象”的目的。

反思我们的新形象。

用心地保护它，只把它分享给那些在乎的人——老师、配偶，或者密友。

通过实际行动，把形象表达出来。

持续关注自己的感觉和想象。

……

要知道，每一次优化和改良，都会让我们的形象更具活力。

一个秘诀

在构建形象的过程中，如果遇到了障碍，一定不能轻言放弃。毕竟，“障碍”的强度和“创造力”的强度是成正比的，遇到的“障碍”越大，在越过“障碍”之后，得到的“创造力”就越强。

第 12 章

构想未来的图景

每个人的心中都有一些特殊的“图景”。它们可以激发头脑的活力，唤醒那些仍在沉睡的“品质”……

——艾比盖尔·亚当斯，美国第一夫人

当你展望未来的时候，你会看到什么“图景”？

哈佛大学心理学教授戴维·麦克利兰发现，通过研究一个人构想未来的方式，可以准确预测这个人的前途。成功人士往往会对自己的目标进行展望：自己将以什么样的手段实现这些目标？在达到目标的过程中，自己会感觉到什么？除此之外，这位教授还发现，他们选取的目标通常极富挑战性，能够带来强烈的满足感和成就感。这些创造者一直都明白，这种成就感既是目标本身，也是达成目标的关键所在。

你在播送什么信号？

构想未来生活的“图景”是一种极富创造性的行为。当你进行展望的时候，你就在冥冥中向未来发射了无线信号，和未来交流、沟通。

当你真的步入未来时，那些原有的构想就会以各种各样的方式，在外部世界中呈现出来——它们都会走入现实，变成你生活经历的一部分。这意味着，你已经接收到了自己在过去发射的信号。

构想未来生活的“图景”是一种极富创造性的行为。

两种创造路径

人类的行为有两个源头：要么是按照自己的意愿，主动去做某件事；要么是在惯性思维（结构化的想象力）的驱使下，不自觉地完成某项任务。换句话说，我们所做的任何事，要么是自己主动选择、确定的，要么是被意识放任进行的。对于创造这种行为来说，也是一样的道理：

- 我们进行有意识的选择，以此来创造新事物；
- 我们放任自己的意识，在结构化想象力的驱使下，不自觉地完成创造的过程（尽管这种创造更机械、更常规，与革新相距甚远）。

无论是哪种情况，当我们不断创造时，就已经把自己的“图景”向未来播送了出去。总有一天，这些“图景”会被发掘出来，带给我们无限的惊喜。

有时候，我们会播送出一些绝妙的、创造性的“图景”，然后把它们完全忘掉。比如，直到几年之前，我才突然意识到，自己很喜欢教育这个行当。于是，我通过不懈的努力，成了一名业余教师，组织了许多和创意有关的课程。但是，我一直不明白，这种对于教育的热情到底来自何方。直到最近，我才突然记起，自己曾在一个高中当过滑雪教练，手把手地教过那些孩子们滑雪。那次教学经历给我带来了巨大的满足感，这种满足感蛰伏多年，直到近年又忽然出现……许多年前，我在无意识中播撒下了一粒种子，终于在今天有所收获：我重新发现了那个“图景”的美妙之处，而那个“图景”也在热烈地回应着我……

听一听心灵的声音。你有没有听到“图景”的呼唤？它有可能是你很多年前的一个想法，被你随意地丢弃在了时间的长河中；也有可能是一个刚刚成形的“图景”，还未来得及发出光彩……

接下来的练习可以帮你发掘出自己的“图景”。

练习：时间切换术——将过去和未来切换

第一步：想象自己要创造的东西。你可能想要孕育一个孩子、创作一幅油画、提升健康水平、开启在线交易……

第二步：为创意划定时间范围。把你的生日或者一个节假日（比如圣诞节、万圣节或者春节）设定为“最后期限”，假定自己在此日期之前完成“创意”。

第三步：想象自己已经完成了创意，正和亲友们欢聚一堂，庆祝自己的成功。成功的图景是什么样子的？大胆发挥自己的想象。

事实上，在我们的生活中，总有一些经历能够唤起“强烈的感觉”。当你想象自己成功的“图景”时，试着联系一下那些“感觉”上较为“强烈”的经历——你会发现，自己对于“成功图景”的构想能力将大大增强。例如：

■ 想象落叶的气味或者鲜榨柠檬汁的气味。然后，想象自己成功的“气味”。

■ 想象刚出炉的布朗尼蛋糕或者你最喜欢的冰激凌的味道。然后，想象自己成功的“味道”。

■ 想象抚摩一只柔软的小猫或者一只小拉布拉多犬是什么感觉。然后，想象自己成功的“手感”。

第四步：利用自己的想象，“离开”那个庆祝的日子。站在创意的起始点上，看着自己逐渐走向成功。在起点和终点之间，事情是怎样一步步发展的？发挥自己的想象，把整个过程写下来。

第五步：再次返回庆祝现场，尽情地理解、感受自己的成功。

在过去和未来之间，我们进行了反复的切换，最终成功激活了“图景”。现在，使用相同的手段，进行空间上的切换。

练习：空间切换术

我将利用以下的例子，说明如何运用“空间切换术”，以此来解除结构化想象力的钳制，激活心中创意的“图景”。

在南加州的广播电台，我每周都要录制一期节目，每期节目都会邀请一位嘉宾。我现在的任务，就是想象“下一期节目取得成功”的“图景”。

我闭上眼睛，想象自己正坐在演播室的麦克风后，对面是我的搭档主持。我似乎降临到了现场，从我的“眼睛”后面，默默观察着身前的桌子、控制板、录音设备……我还“看”到了自己、搭档主持和特邀嘉宾三个人谈笑风生的情景——我自由地想象着，试图“看清”每一个细节。这个步骤的关键在于，我全身心地投入到节目中，沉下心来“感受”这场对话，并为自己成功地“制作”了一期兼具趣味性和知识性的节目而兴奋不已。

我的“感觉”终于发动起来了。“砰”的一声，我的身体炸裂开来——我的“意识”跳到了距离身体三步远、稍微高于身体的地方，默默地“观察”着眼前的场景。

演播室里的情景一览无遗：我看到自己端坐在那里，完全沉浸在节目中……

为了变换视角，我来来回回地“爆炸”了两三次，最后落回自己的身体中，继续从“眼睛”的后面观察着世界。

第一步：你想要创造什么？你想要拥有什么样的经历？尽情地想象那种图景。这种图景可以与第一个练习中的完全相同，也可以换成一个截然不同的图景。

第二步：发挥想象力，使自己置身于创意的情景中。创意正在“进行”，而你正通过自己的“眼睛”观察着现场的一切。

第三步：你的意识从身体中跑出来，飞到身后两三步远的地方。从这个角度观察创意的情景。

第四步：你的意识蹦到距离头顶两三英尺的地方。从这个角度“观察”创意的场景。

第五步：你的意识落回身体中。再一次从眼睛后面“观察”创意的情景。

把这个练习重复两到三次，反复变换距离和视角。在意识的不断切换中，感受身体里的创意能量。

下面这个技巧是我从朋友拉扎里斯那里学来的。我使用了很多年，效果不错。它可以帮助我们打破固化的大脑模式，从而把自己的“图景”解放出来。

集中注意力 33 秒

第一步：随便找来一个计时装置，把时间设定为 33 秒。

第二步：你想要创造什么？尽可能地想象那种“图景”。

第三步：一旦你选定了某一“图景”，就开始计时……让自己置身于这个场景中，全身心地体验它、感受它，唤起自己尽可能多的“感觉”。尽可能地集中注意力，感受与这个创意有关的、所有的积极向上的情绪，例如，快乐、愉悦、平静、激情……

第四步:使注意力集中 33 秒后，立刻停止。进行一次深呼吸，将把脑海中的“图景”和身体中的情绪完全释放出来。

“看到”自己想要创造的东西、唤起与之相关的“感觉”并把这些“感觉”保持一段时间——这种方法对于解放“图景”十分有效。为了达到最佳效果，我们也可以把三个技巧结合起来，有意识地“唤醒”心中的“图景”。

源自“同情”的图景

在上面的练习中，我们通过努力，唤醒了一些“图景”，但是，在我们的生活中，还存在着另外一些“图景”：它们像从天而降的“启示”——我们无法去主动地“获取”，只能默默地等待它们的来临。这些“图景”与“同情”密切相关。

这里所说的“同情”来自于苦难和折磨——无论这些折磨是降临在自己的身上，还是发生在别人的生活里。

我的朋友米基·威利斯，是我所知的最具创造力的人。他拥有着强烈的社会责任感。米基曾在“9·11”恐怖袭击后，参与了世贸中心的救援清理工作。在救援和清理的时候，他见到了一些极为惨烈的场面，这使他痛苦不堪、饱受折磨。在连续工作了40个小时后，他找到了一张旧沙发，躺在上面打起盹来。在迷迷糊糊中，他突然意识到，这种痛苦要么会击垮自己，要么会使自己重获新生，一切全凭自己的选择。清醒之后，他走出公寓大楼，走进探照灯的光亮中——搜救人员仍在紧张地忙碌着。他的眼前出现了一个“图景”，在这个“图景”中，所有的人、所有的事物都紧密地“联系”在了一起——“一体性”不再仅仅是一个抽象的概念。在一片恐怖和荒凉中，他感受到了“团结之美”：只要我们聚在一起，就能把一切的“不可能”变成现实。他终于确定了自己的人生目标——创立一个“共同体”，使所有的人都团结起来。

米基的例子说明，遭遇极端状况后，人类的头脑反而会变得更加清醒：借此机会，他们可以拨开心中的杂乱与纷扰，领悟到那些真正有意义的事情。

有的时候，灵魂通过“美”和我们交流；有时则借助“痛苦”

传递信息。这就解释了为什么前线的战士们往往会文思泉涌、下笔有神，写出许多感人肺腑的东西来。他们是沙场上的“诗人”，在他们寄往家乡的信中，溢满了怜悯、宽恕、理解和智慧——在战争的残暴中，在极端的困苦与折磨中，他们触摸到了“美”和“真”。

一旦我们接触到那些真正有价值的东西，“创造力”就会从最深层的“自我”中源源不断地冒出来。

那么，对你来说，什么东西最有意义？

你是否经历过一些痛苦的时刻？它们是否唤醒了你的“同情”？这一经历又是怎样催生出你的创意来的？

要想发现创造性的“图景”，最好的方法便是和幼年时期的“自我”交流、沟通，唤醒自己对于过去经历的“同情”。

一旦我们接触到了那些真正有价值的东西，“创造力”就会从最深层的“自我”中源源不断地冒出来。

限时写作训练：载满了“同情”的“图景”

准备工作：准备一个计时器和一个记录本，为这个练习留出 5 分钟的时间。进行一次深呼吸，使自己放松下来。

第一步　记忆

回想自己年轻时的经历，找出最令自己痛苦的一件事。留意 7 岁到 15 岁的这段时间。采用“意识流”的笔法，写下那段痛苦的回忆。

对于我来说，最痛苦的事情发生在我 8 岁那年参加夏令营的时候。在那时，棒球比赛简直是我的噩梦。我不能击中球或者截住球，每次输球的时候，我都觉得是自己拖累了整个球队。整个夏天，我都被这种“羞耻感”包围着。

给这段记忆取一个名字，比如，我把自己的那段经历称作“夏令营故事”。

第二步 含义

再次回顾这段痛苦的过往。你给这个事件赋予了什么含义?

在这个例子中，“夏令营故事”意味着“我并不是足够优秀”。从那时起，我便开始做一个“透明人”，不敢在任何活动中扮演主要角色，借此避免耻辱和痛苦。这种做法坚持了数年之久。

第三步 礼物

在这段痛苦的回忆中，一定包含着一些简单的道理，这些道理能够激发你的创造力。

在这次回忆中，我意识到自己是“羞耻感”的受害者。那么，我是不是应该做一些事情，帮助他人克服无谓的“羞耻感”，在各自的生活舞台上大展风采呢？在此后的数年中，这个“图景”时刻萦绕在我的心头；它变成了一项重要的人生任务，成为我许多创造活动的主题与核心。

从那段回忆中，你能领悟到什么道理？这个道理就是这项练习送给你的“礼物”。

第 13 章

升级的创意：创意能量

如果打算造一艘船，先不要忙着给众人分配工作，而是要让他们从心底“向往”大海。

——安托万·德·圣·埃克苏佩里

阳性能量和阴性能量，是最根本的创意驱动力。不要把它们与自然界中“雄性”和“雌性”的概念相混淆。阳性能量的核心是“意愿”和“行动”，阴性能量的核心是“想象”和“情感”。正常情况下，两者相互作用、联系密切。

在第3章中，我们探讨了“沙文主义”对于两种能量的影响。在生活中，我们很容易使这两种能量失去平衡；然而，一旦找到了能量的平衡点，就会产生一些意想不到的结果，并最终改变我们的生活。

“相对论”的诞生便是两种能量加以平衡的结果。据爱因斯坦自己所言，他是在睡梦中得到启发的。

以下就是那个神奇的梦境：

在一个繁星点点的夜晚，他和朋友们坐上了雪橇，从一个陡峭的山坡上滑了下来。他的前面有一面镜子，从中可以看到自己的影子。随着雪橇移动得越来越快，影子的“速度”也越来越快，最后甚至超过了本人移动的“速度”。他意识到，雪橇已经接近光速了。往天空看去，星星的模样已经发生了改变，折射出一些自己从未见过的色彩。

醒来以后，他开始进行各种研究和分析，最终完美地诠释了梦中的“经历”。

“我必须弄明白那个梦”，他后来说，“我的整个科学生涯都是对于那个梦境的一种反思。”

总之，在爱因斯坦的潜意识中，同时涌动着阴阳两种能量——他依靠阴性的“想象”（“梦境”）来思考问题，然后利用阳性的“行动”来解决问题。“相对论”的诞生过程就是这种行为方式的完美体现。

从灵感到行动

爱因斯坦另一个著名的事迹是，他喜欢在闲暇的时候拉小提琴。在悠扬的音乐中，他体验到了“本质”的能量（阴性能量），充斥着“行为”能量（阳性能量）的头脑也得到了彻底的放松。当他结束休息时，两种能量恢复了平衡，他也能够活力满满地投入到工作中了。

在演奏乐曲的时候，爱因斯坦处于一种阴性的“接纳态”中。我们在第 3 章提到：“……对于想象内容和身心感受的接纳与包容，都属于阴性能量的范畴。”换句话说，在这种状态下，想象和感觉更容易进入意识中——这就是所谓“灵感”的来源。从这个角度看，“灵感”就像一个从天而降的“礼物”。我们接收到“礼物”后，就会立刻把它移交给和“行为”有关的“自我”。

因此，只有“实干者”——那些真正用“行动”去实施创意的人——才能最终收获“灵感”，打开“创造”的大门。

爱因斯坦就是这样的一个“实干者”。在梦中接到“礼物”之后，他开始大量地推演和计算——他从阴性的“接纳态”变到了阳性的“行动态”。

总之，首先“接收”到灵感，然后将其转化为行动——这就是“创造”的全部过程。“灵感”只是开始，“行动”才是关键。无论我们在做什么——写一份初稿、做一次听写、打开一个表格、播种一畦种子……我们都在利用自己的“行动”，把“灵感”转化为“现实”。

寻找平衡

每天，我们都要利用阴阳两种能量，“生成”并“支持”自己的生活。

阴性能量是“生成性”的能量。它能够“生成”“创意”，并对“创意”进行“表达”。阳性能量则是“支持性”的能量。它将单纯的“创意表达”培育成了真正的“创意成果”，并对该成果进行呵护和保持；或者说，在它的帮助下，我们的创意过程才能进行到底。

当然，“生成性”和“支持性”之间的界限并不是绝对的。例如，“爱”既是一种“生成性”的能量，也是一种“支持性”的能量，既有“行动”的活跃多变，也有“本质”的生机勃勃……

“生成性”的能量

“生成性”的能量实际上是一些阴性的能量。之所以得名“生成性”能量，是因为它们可以“生成”更多的“可能”。

随便想一个“创意”，你会发现，它们都是由下面的“本质”能量（阴性能量）“生成”的：

意愿

信任

价值（观）

愉悦

欣赏

关心

感激

期待

爱

在这些阴性能量中，不存在任何“行动”的元素。

如果你能够真正地体验这些能量，你就更容易进入“接纳态”，创意的“礼物”也就更容易到来。

“支持性”的能量

“支持性”的能量是阳性“行动”的能量。一旦创意“生成”出来，这些阳性的能量就会“支持”它们“演化”成“实体”，并“维持”着这些“实体”的正常运转。换句话说，只有在阳性能量的作用下，这些抽象的“创意”才得以转化为实际的“成果”。

你可能有过这样的经历：你“生成”了一些自己想要的东西，到了最后，这些东西——一项事业、一段关系、一份友谊——却纷纷消失殆尽。“我擅长‘生产’这些东西”，你可能会说，“我只是不会‘留住’它们而已。”

这是因为，“支持”和“生成”是两种不同的过程，所需的能量也截然不同。

下面就是最重要的“支持性”能量：

意志

纪律

投入

自我认同

亲密

培养

爱

在诸多的“支持性”能量中，“纪律”和“投入”密切相关。纪律，也称准则，是一系列有序行动步骤的集合。它包含了许多细小的规则，结构严谨、前后贯通。在纪律的指导下，人们能够长时间地“投入”自己的任务中，从而保证了任务的连贯与完满。

而要做到自我认同，就意味着充分了解自己，承认自己的长处和短处。在某种意义上，自我认同就是对于自我的责任和接纳。它总是要求我们，一定把关于“自我”的所有“真相”全都告诉自己，不要有任何的欺瞒。

对于许多人来说，自我认同可能会让他们感到不适，因为在它的作用下，我们必须直面身体中的所有能量——无论它们是正面的还是负面的——这无疑是相当痛苦的。除此之外，许多人还把自我认同看作“以自我为中心”或者“自负”。其实，它两者都不是，它只是对于自身“能量”的主动“接纳”而已。

“亲密”，也是一种积极主动的“行为”。我们可能很在乎“自我”的状态，或者很关心他人的感受；为了使自己能够亲近他们（“自我”和他人）、提升他们对自己的信任，我们必须主动去做某些事情，满足他们的需要和偏好。换句话说，我们通过“行动”证明了自己对于“自我”的关怀、对于他人的关怀。

尽管“培养”一般被看作一种阴性特质，但实际上，它却是一种阳性的能量。在它的作用下，我们主动地“培育”、发展“创意”，使它们逐渐成形。

“行动”和“可能”

我们也可以通过另外一些方式，理解“支持性”和“生成性”能量。

思考本书提及的具体行动方法。它们都与“支持性”的能量紧密相关：

- 培养程式化行为
- “邀请”缪斯

- 接受“障碍”
- 直面“障碍”，勇敢行动
- 勤奋练习

这些行动拥有一个共同的目的——将“生成”的创意转化为现实。换句话说，就是对创意最终的成功起到“支持性”的作用。

以下是这些“行动”的“可能性”：

- “培养程式化行为”的可能
- “‘邀请’缪斯”的可能
- “接受‘障碍’”的可能
- “可能性”本身的可能

这些都是“生成性”的能量，它们都蕴含着我们尚未意识到的“创意”的“可能”。

意愿和意志

要想深入地理解两种能量，另外一种方式是，对“意愿”和“意志”的“协同作用”进行解读。

“生成性”的（阴性）能量含有一种名为“意愿”的特质。“意愿”“意志”一字之差，意义却大不相同。“意愿”虽然较为活跃，却不涉及任何的实际行动。换句话说，“意愿”只是一种停留在头脑中的想法而已。

但是，一旦转入“支持性”（阳性）的能量，我们就进入了

“意志”的范畴。这种“意志”是行动的“意志”。在此之前，我们已经通过阴性能量，拥有了太多的“感受”和“经历”，而通过“意志”的作用，我们就可以把它们化为实体，从而过上富有“创意”的生活。“投入”“纪律”“自我认同”“亲密”和“爱”，都是这种“意志”的具体表现。

只有借助“意志”和“行动”的力量，“生成性”的能量才能得到完全的“释放”。这就是两种能量交互作用的过程。

创意的“子宫”

阴性状态是创意的“子宫”。在“子宫”的内壁，“灵感”的“精子”顺利着床，从而开启了孕育“创意”的漫长历程。

如果我们陷入了“沙文主义”、不能正确地对待阴性能量的话，就会妨碍灵感和创意的产生。但实际上，阳性能量和阴性能量经常失衡，要想恢复“创意”，就意味着要恢复阴阳之间的平衡：哪里需要更多的“生成性”能量？哪里需要更多的“支持性”能量？……这些都要弄得清清楚楚。

“生成性”的能量是一种“包容性”的能量；各种创意的“潜能”被包裹其中。实际上，这些阴性能量形成了一种特殊的环境——环境条件不同，孕育出的“创意”也就各不相同。这和烹饪的过程十分相似：在特定的温度下，我们只能制作出特定的食物。在 400 度的时候，我们可以烤出一个蛋糕，却无法制作一个冰激凌；在 25 度的时候，我们可以制造出冰激凌，却没办法焖烧牛肉……

举例来讲，如果我们身处“信任”的“阴性”状态中，无论我最终创造出什么，它们都会带有“信任”的特质，这对于其他情况也同样适用。

总而言之，“生成性”的能量侧重于对“价值”“愉悦”“关心”“感激”“意愿”的“感受”和“接纳”；而“支持性”的能量则是对于“意志”“亲密”“自我认同”“纪律”和“爱”的“应用”。“生成性”的能量开启了创意的“子宫”，而“支持性”的能量则将其填满。

就这样，依靠“生成性”的能量，我们孕育了创意的“可能”，在此之后，阳性的“行动”会把它们一一加以实现。我们会爱上那些尚未出世的“可能”，就像怀孕的母亲爱上自己尚未诞生的孩子一样，这就是“创意”过程的魅力所在。

> 我们会爱上那些尚未出世的“可能”，就像怀孕的母亲爱上自己尚未诞生的孩子一样。

想象各种“可能”

我每天都要进行下面的这项练习，用以培育“生成性”能量，获得足够的“创意”。

当我醒来时、当我散步时、当我开车时……在一天中的任何时间，我都在思考，是什么让我心情“愉悦”：朋友、爱情、工作……除此之外，我还一直关注着“欣赏”和“信任”的能量：在我的身体里，对于妻子怀有多少“信任”？心存多少“感激”？就这样，在我的身体中，这些“生成性”的能量得以大大增强。

除此之外，我还进行着各种想象。举例来说，车里的收音机坏掉了，我不去管它，刻意让它保持原样。这是因为，“坏掉的收音机”是一个重要的契机，我能够借此展开丰富的想象。我会想象出一个美好繁盛的世界，里面的物资极为丰富，我就不会陷入“为什么没有收音机可用”的烦恼了……

想象的情境也可以与现实毫无关联。为了拓展自己的想象力，你也可以想象自己置身于另外一个星球上。你看到自己从未见过的生物、观察到各种古怪的星座，头上也顶着一方陌生的天空……总之，发挥自己的创造力，自由地漫步于想象世界中……

练习：培育“生成性”的能量

选择一个适合想象的时间和地点：在早上起床之前、在上下班的途中、在叠衣服的时候、在自家附近散步的时候、在切菜的时候……然后，思考以下问题，感受体内“生成性”的能量。

- 你信任什么？
- 你认为什么有价值？
- 什么让你从心底感到愉悦？
- 你在乎什么？
- 你欣赏什么？
- 你对什么充满了感激之情？

你正在进行什么创意性的项目？或者打算启动什么项目？选

定一个“项目”，思考以下的问题：

■ 你对这个项目有什么期待？

■ 你是否能够全身心地“体验”这一项目？你是否能够“接纳”这一“体验”？

■ 不考虑“意志”和“行动”的因素，你是否“愿意”投入到这个项目中去？

把你的答案写在纸上，或者用录音设备记录下来，以便随时进行回顾。

在逻辑和理性之外

我们之前提到过，在思想和感觉之间，总是存在着千丝万缕的联系。如果你花上足够长的时间，反复回味一种“思想”，你就会自然生发出一种“感觉”，反之亦然。对于“生成性”和“支持性”的能量而言，道理也是如此。它们相互依存，彼此之间不可分割。

那些富有魔力的“创意”，就是从“生成性”和“支持性”的能量之间、从“思想”和“感觉”之间“噗噗”冒出来的。

“支持性”的能量和我们“已知”的东西有关。我们只能在自己熟知的“世界”采取“行动”，换句话说，一切“行动”都被局限在了“知识”和“理解”的范围以内。而从另一方面讲，“生成性”的能量存在于“逻辑”和“理性”之外，与“知识”和“理解”无关。但我们却总是用“逻辑”的方式讨论这一能量，想要为自己的各种“感觉”——愉悦感、信任感或者感激之情——找出一个“合理”的“解释”。当我们这样做的时候，我们只是在削“感觉”“体验”之足、适“已知”之履而已。我们可能会这样说，“我十分愉快，因为____________（我和所爱之人共度了美妙的时光、我得到了晋升、我获得了大奖……）”这种来源于“逻辑”和“理性”的“解释”，比起真正的“经历”和“体验”来，要枯败黯淡许多。只有认识到这一点，我们才能发掘出“自我”和“创意”的真正“联系”。

不过，需要注意的是，意愿和行动还是大有用处的，正是这些“支持性”的能量，把那些逻辑之外的体验带进了“已知”的领域，从而把它们转化为了实体。

这就是两种能量交互作用的过程。

我们可以回过头来，借鉴一下先人的经验，来深入地理解这一交互作用。毕加索在“逻辑”和“理性”之外，得到了一些奇妙的“灵感”。他想要把这些“灵感”表达出来，使其他人也能“体验”到它。于是，他便开始调用“投入”和“纪律”的能量，把头脑中的“图景”认真地画了出来。在此之前，人类不能理解那些不合比例的构图、“解构”式的绘画造型，但毕加索画作的出现，却为他们提供了一种全新的体验。后来，在这些画作的基础上，一个名为“立体主义”的艺术运动蓬勃发展了起来。

在文艺复兴时期，艺术家们“感觉”到了物体的“透视关系”，并想要采用某种方式，把这种“体验”表达出来。于是，他们发挥“行动”的力量，制定了一系列绘画法则，终于把立体的空间结构在二维的纸面上表达了出来。

“生成性”的能量存在于“逻辑”和“理性”之外，它神秘美好、如梦如幻。而“支持性”的能量则为我们提供了实践的技巧、工艺和方法——它帮助我们采撷“生成性”的物质，并把它们转运到“逻辑”和“理性”的领域之内，将它们塑造成形。

到了最后，两种能量合在一起，使我们“已知”的领域不断扩大。

这就是我们“前进”的历程。

这也是我们“创造”的历程。

第 14 章

超创意的守护者:“悖论”和“融合”

在冬季的夏日里
飘起了雪花之雨
草地里坐着一个小男孩
他穿着一双雪地靴
静静地伫立在那里

——我的父亲艾萨克

当你为公司的财务问题倍感困扰时、当你失去了写作的灵感时，你是否曾经暗暗祈祷，希望创意能够喷涌而出，带领自己走出眼前的困境?

受想象力结构化的影响，我们在解决问题的时候，思维总是直来直去、不懂任何变通。要从周一走到周五，就必须经过周三，世界只能这样“运行”。而一旦我们对于世界（家庭、工作、社区……）的运行方式感到厌烦、想要有所改变时，又会习惯性地套用过去的经验，来决定下一步究竟该怎么走。就这样，我们永远被既定的生活模式束缚着，永远无法从里面走出来。

然而，在想象和梦境中，一切却大不相同：我们摆脱了现实的诸多限制，完全跟随着自己的想法，自由地开展行动，创造商也得到了极大地提升。在这个过程中，现实的范式被完全打破，我们进入到一个全新的天地——超创意的领地中。这个地方储蓄着无穷无尽的创意，伟大的变革也在此地诞生。

为了到达那片乐土，你需要不断地进行练习，把自己从“直线式”的思维中彻底解放出来。

“超创意”：在“直线思维”之外

在逻辑和理性之外，到底是怎样的一个天地？我们打算探索一番，头脑里却传来了反对的声音——“为什么要追求那些虚头巴脑的创意？它有什么实际的用处？毕竟，‘创意’不能用来赚钱，也无法满足具体的生活需求啊！”

面对这些质疑，我只能老老实实地回答——“我不知道”。但我明白，在逻辑和理性之外，存在着一个更为广阔的天地。

实际上，在到达了理性的边界后，“控制”会主动退缩，不再前行；只有“想象”不会止步——只有想象才能勇敢地跨越那条界限，到达“更加广阔的天地”。

在理性的边界之内，想象力难逃“结构化”的命运。它日复一日、年复一年地受着他人的思想、经历和价值观的影响，早已失去了应有的活力。只有在理性的边界之外，想象力才能重获“自由”、成为真正的“想象力”，才会诞生崭新的思想与伟大的变革来。

从灯泡、电话，再到万维网，每两个发明之间，并不存在着直接的联系——它们并不是发明家站在前人的基础上，进行“直线发展”而创造出来的，而是想象赐给发明者的“礼物”。

还记得“厄洛斯”吗？“意愿”和“行动”的活跃多变，想象和情感的接纳包容——当两种特质结合在一起的时候，就会生成一种伟大的创造力“厄洛斯”。它能够引发全新的思想，触发奇异的情绪，带来珍贵的直觉。就这样，“厄洛斯”为我们的生活提供了无限的可能。

这就是“超创意”的最终境界。

仅仅依靠我们自己，绝对做不成任何事情。如果我们想要“闭门创造”、拒绝一切帮助和疏导，就会被一些无谓的“障碍”所困扰——白白地耗费了自己的精力，却无法进行真正的“创造”。但是，如果我们诚心接纳了“厄洛斯”，就会接收到丰富的灵感，获得全新的思想和感觉——“超创意”也会就此蓬勃发展起来。

怎样才能发掘出“超创意”中的无限可能呢？有没有什么像样的窍门帮助我们摆脱逻辑和理性的控制呢？这个窍门就是接触“超创意”的守护者——“悖论”和“融合”。

> “厄洛斯”能够为生活提供无限可能；这就是“超创意”的最终境界。

“悖论”的能量

在我们的眼中，“悖论”就是“自相矛盾”，并没有什么特别的含义和价值。但实际上，“悖论”远不止这么简单。

在本书中，“悖论”是指同时进行两种（或两种以上的）思考或行动，并且对于这两者（或多者）都能给予足够的“关注”。实际上，“悖论”是一种存在于潜意识中的“交流”渠道，有了这个"交流"途径，我们就能在逻辑和理性之外，与蕴含着"超创意"的那个"自我"产生紧密的"联系"。

"悖论"的功能：以"美"为例

俗话说，"只有细心观察生活的人，才能领略到真正的美"。我们欣赏海上落日、俯瞰加州峡谷、观赏那些向终点冲去的赛马……在这些景致面前，我们不由自主地感叹："噢，老天，这是多么美丽啊！"

创意的形式总是和它的深层功能相一致。想象一个建筑师正在为你家建设住宅。她会问道，"有多少人住在这里？你会将多少时间用于烹饪菜肴？你会花多少时间消遣娱乐？你喜欢户外活动吗？……"这些"功能"将会决定房屋的"形式"：建造多少卧室、安排多少浴室、餐厅要多大、露台该多宽……这是一个"功能"决定"形式"的典型案例。

对于"美"而言，情况则稍有不同：它的"功能"和"形式"不完全一致。虽然从"形式"上来说，它只是一些"构件"的堆叠而已；但是，"美"的"内涵"绝不是如此简单——它并不仅仅是几个"成分"的"内涵"的总和；除此之外，它还拥有着更为丰富的额外意蕴。换句话说，它的"功能"已经超越了自己的"形式"。

这是因为，"美"是一个"悖论"。

对于那些擅长数学的人来说，"美"的等式长成这样：

"欢欣"＋"平静"＝"美"

当你同时体验到"欢欣"和"平静"的时候，"美"就会自然产生。实际上，"欢欣"和"平静"原本是两种相互矛盾的事物，

"美"的产生化解了这种"矛盾"，上升为一种既复杂又和谐的奇妙状态。随着我们"创造商"的不断提高，我们不仅可以更加清晰地理解"悖论"的"功能"，也可以利用它们进行各种"创造"。

制造"悖论"

在脑海中想象一个漏斗。在漏斗顶端和底部之间，存在着一条水平线。这条线上面是"潜意识"，下面是"意识"。而漏斗中的部分，则代表我们拥有的"创意"——众所周知，漏斗在不同位置宽窄不同；漏斗在某处越宽，就代表此处的"创意"越多。因此，"创意"最多的地方实际上就在顶部的"漏斗口"处——它代表了我们所拥有的巨大"创造潜能"。

当我们走到这条线以下，便从"潜意识"进入到了"意识"的范围。意识中横亘着许多信条、态度、思想、情绪、选择……这些东西组成了我们结构化的想象力。我们都清楚，这些结构化的想象力总是将"创意"的漏斗越收越窄——原本无限的"可能性"穿过漏斗之后，就衰减为有限的"机会"了。

一直往下走，直到漏斗的底部——那个狭窄的末端，就是我们实际"产出"创意的地方。

回顾一下我们走过的路途。在漏斗的顶部，存在着数量庞大的"可能性"；漏斗的底端，则是我们数量微小的、毫不起眼的"创造"。两相对比，就好像尼亚加拉大瀑布和管子里流出的一滴水一样，差异实在太过巨大了。

实际上，利用"悖论"的操作手段，将不同元素进行有意识地"融合"，便可以完美地解决这个问题。只要把两种或者两种以上的"力量"混合在一起，使它们沿着漏斗颈流下去，就可以扩大漏斗底部狭窄的出口——我们将拥有更多的"机会"，来进行"创意"的表达。除此之外，顶部漏斗口处的"可能"也将得到巨大的丰富与提升。

"悖论"的操作手法十分简单：根据我们的创造目标，向漏斗口中倒入所需的几种"元素"，等待"创意"从漏斗底部"流出"即可。尽管加入的"元素"都是已知的，但我们却无法确定，流出的"创意"到底形式如何。这是因为，我们无法控制"悖论"作用的进程。

现在，让我们利用上一小节的"功能—形式"理论来阐释一下这个创造过程。在功能的层面，我们已经明确了自己想要创造的东西（将会产生什么"效用"）。尽管如此，我们却无法得知这一"创造成果"将会拥有什么样的"形式"。这是因为，在含有"悖论"的创造过程中，我们和"创意"各司其职、各尽其责：我们规定了"创造成果"将会拥有什么样的"功能"，而"创意"本身则掌管了具体的创造过程，并塑造了"创造成果"的最终"形式"。换句话说，我们早就放弃了对于具体创造过程的"控制"，因而"不了解'创造成果'的'形式'"也就不足为奇了。

为了更加深刻地理解这个进程，我们可以先想象一个场景：先在画布上滴下一点红色，再把黄色覆盖在上面，两相混合就得到了橙色。同样地，我们也可以把不同的思想、情绪和感觉混合在一起。当各种"矛盾"的元素成功"融合"，就会产生令人惊异的景象，就像"欢欣"和"平静"形成"美丽"一样……

这就是"悖论"创造的奇迹。

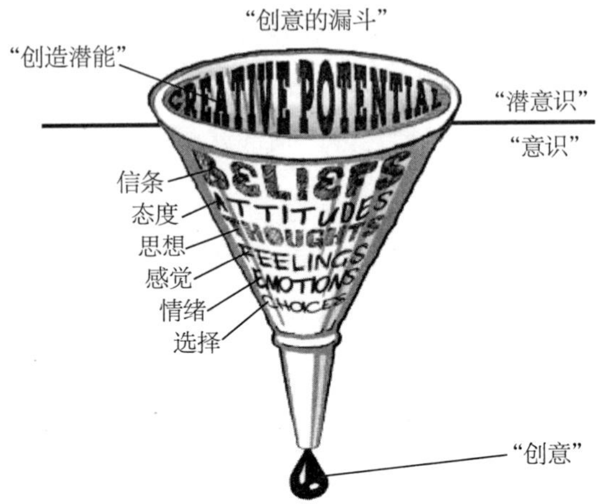

打开“革新”的“阀门”

当你开始有意识地使用“悖论”——同时思考两个或者更多的、看似毫不相干的事情时，你就已经在大脑中建立了全新的“神经通路”，从而使自己的“超创意”得到了解放。

在我小时候，爸爸经常给我朗诵一首诗：

在冬季的夏日里
飘起了雪花之雨
草地里坐着一个小男孩
他穿着一双雪地靴
静静地伫立在那里

这是一首典型的“滑稽诗”，内容荒诞离奇、没有逻辑，充满了各种奇怪的"冲突"："冬季"与"夏日"并存、"雨天"里飘着"雪花"、"坐"着的小男孩"立"在了草地里……

对于这首诗，我从不会感到厌倦。直到现在，我仍然清晰地记得每一个句子。它对我十分重要——这不仅是因为它是父亲留下的"遗产"，更是由于在诗里的"冲突"中，我第一次体验到了充沛的"灵感"。这种充满了"概念冲突"的"荒谬之作"，可以有效地矫治结构化的想象力。这是因为，这种作品并不是在传达某种具体的思想，而是想要表现出一些全新的东西——这种东西位于不同思想之间的狭窄地带，神秘莫测、难为人知。

接下来的练习可以帮助你有意识地打开创意的阀门。在进行练习的时候，你可能会听到一片来自内心的"批判"的声音："为什么要进行这些练习呢？它们根本没有实用的价值啊！"忽略掉内心的抗议，认真地进行练习，开辟新的"神经通路"。一旦建立了这些"神经通路"，真正的革新就会到来。

铅笔尖练习

闭上眼睛，进行几次深呼吸。

第一步：想象自己是一支刚刚削好的铅笔，笔尖朝下、立在纸上。

第二步：想象自己在绕着铅笔尖缓缓旋转，就像花滑运动员利用脚尖旋转一样。先转动 45 度，然后 90 度、180 度……一圈一圈地转下去，不要做任何停歇。

第三步：逐渐加快自己的旋转速度。

第四步：当自己不停地旋转时，开始加入“翻筋斗”的动作——想象自己正在绕着笔尖翻筋斗。刚开始时，筋斗会翻得很慢，到了后来，速度会越来越快。注意一定要同时进行“旋转”和“翻筋斗”这两个动作，并把这个状态保持 30 秒钟。

第五步：缓缓停下自己的动作。深吸一口气，平复自己的心情。

当你逐渐停下来的时候，你的身体中生出了什么样的“感觉”（或者情绪、图像、思想……）？把你的体验记录下来。

“装饰音”练习

闭上眼睛，进行一次深呼吸。

第一个乐音

第一步：想象一个乐音（音调）。你可以从“哆”“来”“咪”“发”“索”“拉”“西”中任选一个，也可以随意虚拟一个乐音出来。

第二步：得到这个乐音之后，试着在想象中提升它的音调——一点一点地升上去，直到自己听不见为止。人类的听觉范围是 20—2 万赫兹，声音在到达 2 万赫兹之后，人类就无法听到了——但它们依然存在着。

第三步：把这个乐音“储存”起来。一定要记住，这个乐音仍然存在着，只是我们无法听到而已。

第二个乐音

第四步：想出一个不同于第一步的乐音。得到这个乐音之后，也要“提升”它的音调，直到自己听不见为止。

第三个乐音——你的“装饰音”

第五步：现在，你已经想象出了两个乐音，它们都被提升到了自己的听觉范围之外。它们“融合”在一起，“创造”出了第三个乐音。这个乐音就是前两个音调的“谐音”。

它也是专属于你的“装饰音”。

你无需去刻意地“创造”“装饰音”，它是由最初的两个乐音自然生成的。并且，和前两个乐音一样，尽管你不能从听觉上“感知”到它，它却始终存在着，永远不会消失。

脑海中的“画面”

第六步：你最想要为自己（他人、世界……）“创造”些什么？在脑海中勾勒出一幅“图景”。调用各种感官，尽情地“感受”它。

第七步：把这幅“图景”固定到“装饰音”上，让它随着“装饰音”“飘”向宇宙深处。

进行一次深呼吸，平复自己的心情。

现在，以这幅“图景”为基础，进行下一个练习。

“超视觉”练习

找一个舒适的地方坐下来。进行几次深呼吸，使自己逐渐放松、平静。

第一步：目视前方，保持身体的放松。

第二步：闭上眼睛，想象自己具有“超视力”。用你的意识，将眼睛“抬升”到高于头顶的位置。

第三步：把“眼睛”稍稍向下移动，然后向后“转动”90度，使自己的“视线”正对着后脑勺。

第四步：再次让“眼睛”转动90度，使“视线”竖直向下并与脊柱保持平行。

第五步：你想要为自己、为他人，或者为世界“创造”些什么东西？一项事业？一幅画作？还是一段情缘？……发挥想象，把自己得到的“图景”刻在脑海里。

第六步：把这幅“图景”“安装”在自己的“眼睛”里。然后再一次沿着脊柱的方向，直直地向下望去。

第七步：如果拉开一根弹簧，然后迅速地松开，你就会感到一种强大的冲力。同样的道理，在以上的步骤中，我们的“眼睛”已经经历了各种“变换”；现在，如果把“眼睛”迅速切换回本来的位置，你就会感受到一种强大的能量，而那些“图景”也会被弹射出去。它们将会飞到“超创意”的天空中。

进行一次深呼吸，使自己恢复平静，睁开眼睛。

在接下来的练习中，我们要有意识地进行“融合”。“融合”的对象是两种截然不同的事物，对我们而言，两者都有着特别的意义。

在刚开始的时候，这项练习会有一定的难度，但绝不要就此放弃。只要坚持进行下去，你就会获得极大的助益。

"中间区域"练习

找一个舒适的地方坐下来。

第一步：闭上眼睛。在你的心目中，最完美的未来是什么样子的？你想要为自己（他人、世界……）创造些什么东西呢？在脑海中想象出这些"图景"，并尽可能地"感受"它们。

第二步：想象眼睛后面存在着一块屏幕，把这幅关于未来的美妙"图景"移动到这块屏幕的右侧。

第三步：什么事情最为恐怖？什么事情让你深感担忧？这种恐怖可以是"我害怕失去伴侣"，也可以是"万一我得了重病，就会变成他人的负担"，也可以是"我可能会四处流浪，无家可归"……在脑海中想象出相关的"图景"，并鼓起勇气，尽可能地感受这份恐惧。

第四步：把这个恐怖的"图景"及其相关的"感受"移动到屏幕的左侧。

第五步：在眼睛后面的屏幕上，右侧是心底的"渴望"，左侧是糟糕的"噩梦"。这两幅"图景"并不需要细节生动、纤毫毕现。

第六步：在"完美未来"和"糟糕噩梦"之间，存在着一片空白的区域。想象自己走入那片区域，在那两种极端的"可能性"之间，尽可能地感受"自我"。尽可能长时间地待在那里，直到你感觉不舒服为止——实际上，你很有可能在两三分钟后，就会因为承受不住而退出。

再次进行深呼吸，释放掉所有的念头，平复自己的心情。

直面心灵最深处的恐惧，可以使我们摆脱“隐形焦虑”的束缚，把自己的创意能量释放出来。

在2008年的金融危机中，我失去了全部的积蓄。当时，我利用“中间区域”的练习，使自己保持理智和清醒。它带给我许多奇妙的“启示”，帮助我以一种创造性的方式，面对眼前的重重挑战。

以上的练习向我们展示了“悖论”的巨大能量。不断地重复这些练习，来增强自己的“创造力”。

试一试！专项练习：如何成为“悖论奇才”

无论你是在驾驶汽车、乘坐电梯，还是在乘公交出行，只要有几分钟的空闲，都可以进行这项练习。

■ 使自己平静下来。如果条件允许，也可以闭上眼睛。想象自己正在触摸一匹马的嘴部，感受着它的柔软和温度。

■ 与此同时，想象自己的指甲正顺着一块黑板向下滑动。

■ 对于这两个情景，你分别有什么样的感觉和体验？你是不是既感受到了前一种场景的温暖与活力，同时又体验到了后一种场景所带来的战栗感？或者，你既在前一种场景中感受到了“舒适”，同时又在后一种场景中体验到了“烦恼”？……总之，一定要同时体验这两种感觉。

当然，你也可以换成其他相互冲突的“场景”，同时进行感受和体验。两种体验会产生剧烈的碰撞，从而擦出全新的、创意的火花。坚持进行这项练习，你将迅速成为一名“悖论”的“奇才”。

第 15 章

不寻常的感觉：召唤我们的直觉

要想发现自然的法则，除了依靠“逻辑”和“理性”，还要寻求“直觉”的帮助。

——阿尔伯特·爱因斯坦

是什么在引导着你进行选择和创造？除了之前所说的价值取向外，你是否曾经接收到一些神秘的“信号”——它们触发了你的创意，并促使你付诸实践？你是否曾这样想过，“我曾经有过一种‘感觉’；我只是照着这种‘感觉’做事而已”；或者，“我不知道那些‘创意’来自何方，但是，在灵光一闪之间，我突然就明白了，自己接下来要做些什么”？

在那些时刻，你的身体里到底产生了什么样的直觉？

迈克尔·格尔森博士是哥伦比亚大学医学中心附属纽约长老会医院解剖和细胞生物学系的主任。他在《第二大脑》中写道，人体的肠道中存在着大量神经元，这些神经元构成了肠道神经系统。在这个庞大的神经系统中，存在着共计 30 多种、一亿多个神经递质，与大脑中神经递质的数量大体相同。除了这些神经递质之外，几乎每一种能够控制大脑活动的化学物质，包括各种各样的激素在内，都广泛地存在于肠道中。这就解释了我们为什么会在一些大型演讲、重要演出和重大会议之前感到恶心，或者在考试之前感到肚子疼——我们在处于紧张状态的时候，神经系统就会把这种“信号”传导到肠道，从而引起一系列的胃肠反应。而根据美国心脏数理研究院的说法，心脏中也存在着神经元。

“直觉”是我们最重要的创意机能之一。而最新的研究数据表明，人体内部存在着一个巨大的“信息交流网络”。这个“交流网络”由神经系统构成，是“直觉”产生的物质基础。

直觉：“超创意”的交流方式

直觉并不存在于头脑中。很久以前，一位表演老师告诉我，潜意识是我们进行创造时的“盟友”，而我们的身体则是一幅特殊的“潜意识图谱”。我对此深信不疑。

其实，在我们的逻辑和理性之外，在我们结构化的想象力之外，我们一直保持着与内心世界（以及外部世界）的交流和沟通。更加确切地说，我们是在隐性的“能量”层面上，进行着各种消息的接收和发送。这种看不见的“交流”，就是我们的直觉在起作用。

但是，这种“直觉”到底是什么呢？

不寻常的感觉

每个人都曾有过一些不寻常的感觉，我们把它叫作直觉。音乐家通过直觉，找到自己的最佳状态；CEO 利用直觉，做出各种重大决策。这些不寻常的感觉和普通的感觉往往是同时运作的——我们依靠普通的“感觉”（视觉、嗅觉、味觉、听觉、触觉）调节“物质现实”；依靠不寻常的“感觉”调节“非物质现实”，并借此触发自己的创意。（译者注：“物质现实”就是客观存在的“现实”，因而人类可以通过“五感”来认识它、了解它。而“非物质现实”是抽象的——它并不存在于客观世界中，所以人类是无法通过“五感”来了解它的。）

这些不寻常的“感觉”涉及了人类“知觉”系统中最微妙的那一部分。它们包括：“温暖”“运动”“风度”“光亮”和“实质”。当你了解了这些“感觉”的具体含义后，你可能会有一种不可思议的熟悉感——那些不寻常的“感觉”确实是你的“老相识”。

“温暖”

“温暖”的概念通常和“温度”有关：阳光明媚的春天是“温暖”的，熊熊燃烧的篝火也是“温暖”的。实际上，情感也可以是“温暖”的：来自朋友的“温暖”，来自陌生人的“温暖”，以及来自心灵的“温暖”……最后这种“温暖”尤为特殊。它能够让你感觉到，“自我”和“（内部或者外部）世界”紧密联系在了一起。有的时候，你会感觉到身体中存在着一些“活力”；那些“活力”实际上就是来自心灵的“温暖”。

“运动”

一般人在谈到“运动”这个词的时候，总会联想到“速度”和“动作”。但是，除此以外，“运动”还与“流动”的概念相关。创意的“心流”，个人的成长之“流”，甚至是（当个体的“激情”被点燃时所引发的）“意识流”——它们都属于“流动”的范畴。

实际上，世界上总会有一些事物触动我们的心弦，并在我们体内引发一系列“情绪变化”。“运动”的本质就是那些连续不断的“情绪变化”。创造者对于这种“运动”极其敏感——它可以在创造者的身体中唤起微弱的“涌流”。这种“涌流”就是我们所说的“流动”。

“风度”

我们通常认为，“风度”是社会名流的专利，但实际上，每个人都拥有专属于自己的风度。它是“自我形象”的总和。

“风度”与两个概念密切相关：一是“魅力”，二是“腔调”——它们都带有鲜明的个人特征。

在一般情况下，当我们说某个人极富魅力的时候，我们只是在谈论他的表面形象，却并没有触及魅力的真正核心。从本质上讲，魅力是一个人的“风度”对他人产生的精神影响。我们可以这样问自己：“我对别人的影响是什么？别人对我又有什么影响？”不断重复这些问题、不断进行反思，“魅力”就会变成你的习惯。如果我们能够体会到这一“影响”的复杂与精微，那么我们的人际关系就会得到相当大的改善。到了最后，“魅力”就会融入我们的血液中，成为我们“天性”的一部分。

尽管我们通常认为“腔调”就是人们说话时的“音调特征”，但实际上，这个概念有着更加微妙的内涵。人们可以通过自己的心灵，与外界进行一种特殊的“交流”，而“腔调”就是这种“交流”的核心特征。每个人的思想、体验不同，和外界的“交流”也就各不相同。正因为如此，不同人的“腔调”也就千差万别了。和“魅力”类似，“腔调”也能给其他人带来独特的影响。

我们之前提到，每个人都拥有专属于自己的“风度”，但在实际生活中，我们往往喜欢模仿他人的“风度”，进而把自己改造得面目全非。只有真正了解了自己的“风度”之后，才能更加理解他人的“风度”，才能更好地改造自己，从而创造出一个全新的“风度”来。

“光亮”

另外一个“不寻常的感觉”是“光亮”。从一方面来讲，它是一些事物“放射”出来的特殊“光辉”。想象一下瑰丽的日落、壮美的风景，或者孩子稚嫩的脸庞……它们都在“放射”出一些美丽的“光芒”。当我们从其他人的身体和周围的事物中探测到“光辉”的时候，我们也会发现自己身上的“光辉”。

我们都知道，“光”具有极强的“反射性”——它能把客体中最为美好和真实的特质全部反射出来。从这个意义上说，“光辉”代表了那些高贵、灿烂的精神品质。在以往的艺术创作中，画家往往会在圣徒的周围加上一圈光晕，这种光晕就是本章所说的“光辉”。

从另一方面讲，“光亮”也可以看作一种情绪上的“活力”。这种“活力”广泛地存在于身体、大脑和精神中，而“幽默”则是它重要的组成部分。这里的“幽默”是指，人们通过揭示事物的“真相”，来提升自己的精神层次、改善心理状态，而并非是那种充满了嘲讽与虚无、以损害他人为目的的“伪幽默”。就像“光辉”一样，这种“活力”也是一种高贵、灿烂的精神品质。

实际上，当我们学会同情、理解“自我”和他人的时候，这种情绪的“活力”就自然而然地冒出来了。

“实质”

最后一种不寻常的感觉是“实质”。“实质”和“物质”的概念完全不同；利用这种特殊的“感觉”，我们能够深刻地了解到，在某些特定的领域（情绪、身体、心理、精神），什么东西对我们而言“最为重要”。当然，“实质”的概念也可以用于具体的事物——在构成该事物的所有“元素”中，究竟哪些“元素”对我们而言“最为重要”。作为创造者，我们要主动寻找那些“最为重要”的东西，看一下什么样的东西可以（对自己或者他人）产生重大的“影响”。例如，“实质”会引导我们进行自我反思：“我想要对其他人产生什么影响？我想要其他人对我产生什么影响？是什么让他们心情激动？是什么点燃了他们的热情，唤醒他们的灵魂？”我们得到的答案就是那些“最为重要”的事物，而这些事物将会变成创意生活的燃料。

召唤那些不寻常的感觉

一旦我们理解了任意一种“不寻常的感觉”，我们的直觉就被发动起来了。关注这些“不寻常的感觉”，学会分辨它们。不断地进行尝试和摸索。

研究从物体和人体散发出的“光亮”，感受他人心中的“涌流”，观察他人体内的“温暖”……你甚至可以一边看电视一边进行这项训练：你能否从收看的节目中感受到“温暖”？这些节目的“实质”又是什么？和自己的“实质”又有什么联系？

下面的练习可以给你一些提示，帮助你识别那些“不寻常的感觉”。你越是主动地去寻找它们，你就越能理解它们的真正内涵。

磨炼直觉：识别那些不寻常的感觉

找到一个舒服的地方，使自己得到完全放松。为这项写作练习腾出 10—15 分钟的时间。

第一步：谁是你的“挚爱”？“挚爱”的判断标准是：你和他十分亲密、喜欢和他待在一起、他能够带给你无限的“启示”和“灵感”。

第二步：调用那些“普通的感觉”（视觉、听觉、嗅觉、触觉等），去“感受”你的挚爱之人——看他的脸、听他的声音、回想触摸他的手或者拥抱他时有什么感觉。

第三步：调用那些“不寻常的感觉”，“感受”你的挚爱之人。记录下那些映入大脑的词语和图像，不要进行任何筛选和过滤。

“温暖”。描述这个人情感上的“温暖”。这种“温暖”是怎样表现出来的？你对此体验如何？

“运动”。感受发生在他体内的“涌流”。例如，他通过什么样的途径抒发自己的情感，表达自己的创意？我们能否从这些蛛丝马迹中，看到他体内的“涌流”？

“风度”。感受这个人独一无二的“风度”，感受他的“魅力”和“腔调”。描述这种“风度”对你的影响。

“光亮”。感受这个人散发出的“光亮”。对于这种“光亮”，你有什么特殊的感觉？他有没有利用“幽默”来改善自己的状态，表现自己的“情绪活力”？这种“光亮”是否放射出了一种高贵、灿烂的精神品质？

“实质”。“感受”这个人的“实质”——对于他而言，什么东西最为重要？从不同的角度（心理、生理、情绪、精神）去探讨这个问题。你是通过哪些线索发现这些“实质”的？是他做过的某件事、创造的某样东西，还是他身上的某种品质？

在这项练习中，你在挚爱之人的身上观察到了许多品质，而这些品质也像一面镜子，照出了你的真实形态。那么，你到底有着什么样的“形态”？你是否发现了自己的“光亮”“温暖”“运动”“风度”和“实质”呢？

第 16 章

五种创意才能

只有当我们热爱世界时，我们才算真正地活在了这个世界里。

——泰戈尔

五种创意才能

要想过上“创造性的生活”，有些才能和天赋是不可或缺的。实际上，每个人都拥有这些特殊的才能；并且，当我们把生活视作艺术品，并对它进行创造性的“雕琢”和“打磨”时，这些创意才能得到持续地锻炼与提升。除此以外，这些才能也可以算作“成功的能力”——它们是实现个人成功的重要保证。

这五种创意才能分别是：

- 生活
- 热爱
- 离开
- 学习
- 欢笑

在之前的章节中，我们探讨过了其他形式的创造力。这五种才能和那些创造力一样，都能够促进创意的生长，并把我们提升到超创意的境界中。

生活

第一种才能是“生活”。怎样的生活才算真正的生活？我带着这个疑问，翻看了许多动作电影。里面的主角向我诠释了“创造性生活”的真正含义：

- 他们总是积极地投身于各种事务中。
- 他们总是鹤立鸡群，十分显眼。
- 他们富有冒险精神，却不冒无谓的风险。
- 他们尽情地享受生活——一方面拼尽全力工作，另一方面又懂得及时行乐。
- 他们生活在“世界”中，却不受“世界”的束缚。
- 他们不会自怜自哀。他们掌控着自己的生活。他们推动了“世界”的改变。
- 他们把整个“世界”的责任担上肩头，沉着地应对各种艰巨的挑战。他们不会等待别人。他们不会埋怨命运。他们从不寻找借口——真正的英雄不会编造任何借口。

这些英雄到底秉持着什么样的人生信念？19 世纪的法国作家埃米尔·左拉曾经说过一段话，可以作为这些英雄人生的注解：“如果你问我，我到这个世界上来是为了做些什么，作为一名艺术家，我会这样回答：我是为了活出自己的精彩。”

对于我而言，要想过上一个真正的、富有创意的生活，就意味着要去积极主动地“接触”这个世界。我要对世界产生“（或大或小的）影响”，也要被世界所“影响”；我要让他人感受到我存在的意义，也要让自己感受到别人存在的价值；我要让自己的感官时刻处于活跃状态，以便捕捉到生活中的各种美好；我还要探索那些“不寻常的感觉”，感受生命中的“温暖”“实质”与“光亮”。除此之外，我还要接纳自己的全部思想和情绪，不再一味地压抑、控制它们。对于生命中的各种“可能”，我也都要细细探索一番。

总之，创意生活的本质在于“给予”和“接收”的能力——不仅要把自己的影响“给予”世界，还要充分地接收世界的回馈。只有这样，才算是充分地参与到了生活中。

再次回到刚才的讨论中：如果这些英雄不能给予世界什么“影响”，我们就不可能一如既往地追随着他们；如果我们无法从“自我”中接收到任何的反馈信息，我们的生活也就失去了动力。

> 创意生活的本质在于“给予”和“接收”的能力。

热爱

我们需要穷尽一生，去培养“热爱”这种才能。我们之前提到过，“热爱”既是一种“支持性”的能量，是我们对于自己和他人的“投入”与“奉献”；也是一种“生成性”的能量，与那些重大的“创造进程”息息相关。

若想要更好地“热爱”，就意味着……

- 大方坦荡地“给予”和“接收”；
- 为自我和他人营造安全感；
- 降低自己对于自我和他人的恐惧，例如，消除对于耻辱的恐惧以及对于“被遗弃”的恐惧；
- 在评价某些事物的时候，不要急于进行否定的评判；
- 常怀感恩之心；
- 在合适的时间和地点主动（为自己或他人）带来欢乐和愉悦；
- 珍视其他事物的“价值”；
- 尊重“自我”和“他人”；
- 赋予他人（或其他客体）尊严。

我们可以利用这些方式，表达心中的“热爱”。那么，能否把这些方式应用到我们的“创造”上？比如，在创作艺术作品、筹划创意项目时，能否为它们增添一些“愉悦感”和“价值感”？

我们可以试着把“热爱”注入自己的创造过程中：对于那些参与到创造过程中的人——无论是自己还是他人——都要减少无谓的批评和指责，使他们不再畏惧耻辱和失败。这样，创造行为才会得到真正的鼓励，并最终蓬勃发展起来。例如，无论你在创造些什么——写一个商业计划书、创作一部交响乐，或者构想新书的框架——都要和“自我”用心地“对话”，交流一下彼此对于创意的看法……这种聆听和关切，就是一种热爱的方式。正是有了这种热爱，我们的创造对象才真正拥有了尊严。

值得注意的是，无论我们多么热爱这些创造对象，它们都不会反过来爱我们。我们曾从艰难中起步，创立了一家咨询公司；也曾费尽心思，编出了一部完美的剧本；也曾呕心沥血，绘出了一幅传世之作……但这些公司、剧本和画作都不会反过来爱我们。尽管如此，这些创造成果却会为我们带来一种珍贵的价值感。而且，我们还能够体验到一种神秘的“创造活力”——这种“创造活力”完完全全地改变了我们。仅凭这种改变，我们就要对这些“创造”成果肃然起敬。

电影《美梦成真》上映之前，预告片在电视台里循环播放了数周。这部影片引起了一位少女的注意。这位少女名叫阿曼达，她患上了绝症，即将不久于人世。由于《美梦成真》是一个发生在主人公死后的爱情故事。因此，对于阿曼达来说，这部影片有着特殊的意义。我接到了她爸爸打来的电话，他告诉我们，阿曼达看到了电视中的预告，想要提前看到这场电影。她告诉父母，等到电影上映的时候，她有可能不在人世了。因此，无论如何，她都想要看到这部电影。他还告诉我们，阿曼达非常害怕死亡，所以，他们希望能够尽自己所能，帮她找到安全感、抚慰她的心灵。

我们立刻安排了病房的放映，但在此之后的很长一段时间，我们没有听到任何回音。

终于，阿曼达的爸爸再次打来了电话。他告诉我们，家

人、朋友都来到了病床前，和阿曼达一起看完了这部电影。在此之后，她就不那么害怕了，最终安然地去世。

一部电影、一张明信片、一块蛋奶酥……我们的创造总会产生某些影响，而这些影响也能改变我们的一生。

离开

“离开”有两种含义。第一种含义是“舍弃”毫无益处的东西；第二种含义是“留下”一些有价值的东西——我们根据过往和当下的经历，绘制出一幅幅特殊的“地图”，用以指导他人和未来的自己，使其前进的过程更加顺利。（译者注:在英语中，“离开”和“留下”是同一个单词。）

“舍弃”的要诀是诚实地面对自己。只有这样，我们才能够识别出，到底是什么样的思维模式和行为模式阻碍了自己的发展。然后，我们要利用“支持性”的能量，摆脱那些僵化的模式，并把它们彻底地排出体外。

仔细想一想，你是否需要摆脱一些东西——一段关系、一个项目、一项工作、一个习惯……

所有的园艺专家都知道，在种植新作物之前，一定要把土地翻耕一遍，使那些残存的秸秆都翻到泥土下面，防止阻碍新作物的生长。“离开”也是一样的道理：只有果断地去除旧的东西，才能使新的事物获得发展。关于“离开”的重要性，在《旧约》的《传道书》中，有过一段精彩的阐述：“凡事都有定期，万物都有定时……栽种有时，拔出所栽种的（作物）也有时……”

当你不断地练习“离开”时，奇迹就会逐渐显现。你不再纠结于自己身在何处，而是更加关心自己去向何方。你将更加勇敢地向前迈进，不会再有丝毫的犹豫和彷徨。莫罕达斯·甘地曾是一位杰出的律师，但当他回到祖国、看到殖民统治的现状后，就果断放弃了当前的职业，开始为更加伟大的事业——民族解放运动——而努力奋斗。在他的倡导下，民权运动席卷了全球，他也因此成了“玛哈特玛·甘地”——“玛哈特玛”在梵文中意为“伟大的灵魂”。除此之外，毕加索也是“离开”的杰出代表——在摸索自己的艺术风格时，他果断丢弃了熟悉的创作手法，转而去探索那片未知的艺术天地。最终，他在这一领域大获成功，成了“立体派”的开山宗师。

你留下了什么？

另一种“离开”和我们“留下”的“地图”有关——这些所谓的“地图”，实际上是一些具体的行动指南，以及丰富的“特质资源”和“精神资源”。这些东西是我们过往经历的“遗产”，可以帮助自我和他人不断成长、发展。你可以试着问自己：“为了使未来的自己更加顺利地前进，为了使他人更好地生活和发展，我已经绘制出了哪些地图？我正在绘制些什么地图？

在这种“离开”背后，隐藏着一条真理：宇宙中只有“创造者”，没有被动的“旁观者”。换句话说，我们要去主动“创造”。积极地“参与”和主动地“贡献”才是人间至理。

许多年前，我和家人在意大利度假。在回家的途中，我们经过罗马。当时恰逢“世界青年日”，整个城市挤满了朝圣者，到处都是五花八门的食物、音乐和舞蹈。

这真是一个美丽的景象。

我注意到，每个人都带着一个超大的行囊。正当我对妻子说，“那些行囊里面，到底装着些什么东西啊？”突然就听到了我女儿的声音。

“嘿，那儿是爸爸！”她大声地说。

她发现了《耶稣传》的宣传画。《耶稣传》是我走出大学校门后，参与制作的第一部电影。回想起当时的工作场景，感觉都是好几辈子以前的事情了。隔了这么多年，它居然出现在了罗马的街头，被千千万万的年轻人所知晓。

这就是那次工作的“遗产”；我终于感受到了创造的价值。

> 宇宙中只有“创造者”，没有被动的“旁观者”。积极地“参与”和主动地“贡献”才是人间至理。

学习

“学习”是另外一项才能。要想使它更加“精进”，首先要盘点清楚，到目前为止，我们究竟学会了什么：

- 我学会了哪些创意手段？
- 我学会了或者磨炼出了哪些创意技巧？
- 对于情绪心理和生理，我有哪些深刻的见解？学会了哪些相关的技巧？

■ 我是怎样处理人际关系的？采取了哪些创新性的手段？

■ 我是怎样面对过去、现在和将来的“自我”的？采取了哪些创新性的手段？

■ 我是怎样应对那些不确定的、神秘莫测的事情的？采取了哪些创新性的手段？

温习自己学到的东西，可以帮助我们更好地掌握它们。但是，这绝不意味着，我们已经无所不知、无所不能了。例如，“我已经学会了我需要知道的所有东西，终于不要再用功了”或者“我知道生活运转的规律了，我已经把一切都参透了”……这些论调都是极为危险的。

实际上，“学习”与“谦逊”紧密相连。如果“谦逊”能够发声，它一定会说，即使我以某种方式，参透了世界的运转规律，在下一个瞬间，我仍然可以找到一种全新的方式，来了解和认识这个世界。而实际上，认知的方式和角度不同，对于世界的见解也会有所不同。（因此，“认识世界”“探索世界”是永无止境的。）

15 岁那年，我第一次看到了斯坦利·库布里克的《2001 太空漫游》。当时，我的整个世界观都被颠覆了。我第一次意识到，在我的想象之外，还存在着其他的“可能”。

“谦逊”的关键在于，保持开明的思想和坦率的态度，不对事物抱有任何形式的偏见。除此之外，我们还要拥有强烈的求知欲——对于任何事物，都要求得到明确的阐释。

欢笑

第五种才能是“欢笑”。“欢笑”的要义是：无论我们经历过什么，都要保持轻松愉悦的心情，都要热爱生活的每分每秒；每当遇到坎坷和不顺的时候，都要默默地提醒自己：“一切都会过去的，美好的明天终将到来”……

为了培养这种才能，我们可以时常询问自己：

- 我是不是认真过头了？我能否对自己的缺点一笑而过？
- 在进行创造的时候，我是否认真过头，甚至到钻牛角尖的地步了？我能允许自己犯错误吗？
- 我能否从平淡的生活中看到诙谐之处？

笑声是最好的药物。20 世纪 80 年代初，评论家诺曼·卡森斯写下了《解剖疾病》一书，这本书在《纽约时报》的畅销书榜单上停留了 40 周之久。这本书从“神经化学”的角度揭秘了笑声的治愈作用，从而打开了一扇新疗法的大门。在相关的治愈方法中，病人不再被动地接受治疗，而是成为医生的“合作者”——为了恢复健康，他们需要主动地调整心情，主动地“开怀大笑”。而卡森斯自己“笑退病魔”的那段经历，也成为心理神经免疫学的经典案例。根据心理神经免疫学的理论，我们的所思所想能够影响大脑的状态，并使免疫系统发生相应的变化。相关研究表明，当你开怀大笑的时候，整个身体都会发生积极的变化：氧气吸入量明显增加，血液循环加速，血压明显下降，肌肉开始放松。除此之外，还会产生一系列的连锁反应：白细胞开始增殖、内啡肽得到释放、皮质醇和肾上腺素含量降低……

当你心情愉悦的时候，整个身体都会“兴奋”起来，灵感也能够大量迸发，形成汹涌的“创意之潮”。

写作练习

抽出 30 分钟的时间，进行这项练习。找到一个能够触发灵感的地方，比如，自己的书桌旁、公园的一棵树下，确保自己能够在那些地方遇到缪斯女神。

第一部分——评估五种才能

生活

在生活的哪一领域中，我犹犹豫豫、畏缩不前，不敢承担任何的风险？在哪一领域中，我容易陷入自怜自哀的情绪，而不会做出任何的改变？

在哪一领域中，我能够积极主动地“接触”这个世界？我是怎样充分地“参与”到生活中的？

热爱

在生活的哪一领域中，我没有“给予”出足够多的东西？怎样才能使自己坦荡地“接收”生活的“回馈”？对于什么样的人或事物，我能给予足够的“尊重”，以至于甘愿被他们改变？

我能够以怎样的方式，为自己和他人创造安全感？我会采取什么手段，来减少内心的恐惧、提升自我和他人的愉悦感？

离开

为了获得“成长”，我“愿意”放弃什么东西？结合自己当下的情形，认真思考：自己“应该”放弃什么东西？

在这个世界上，我为自己和他人留下了哪些有价值的东西？

学习

我学会了哪些创意的手段和技巧？关于“创造”，我形成了哪些深刻的见解？一些手段和技巧虽然尘封已久，一旦投入使用，却对自己大有裨益——你能不能举出这样的例子？

保持“谦逊”的态度，能够帮我解决什么问题？在哪些生活领域中，我能够保持着强烈的求知欲，想要去探索其中的各种“可能”？

欢笑

在当下的生活中，我是不是认真过头了？我一直在担心、忧惧着什么？

在哪些生活领域中，我始终保持着乐观、积极的态度，用幽默感处理每一件事情？

第二部分——创意才能的“启示”

“生活”的才能想要告诉我什么样的道理？例如，在参与生活、接触世界、承担风险、享受乐趣的时候，要注意些什么？

“热爱”的才能想让我明白些什么？是怎样为他人创造安全感，还是怎样才能“表达”出自己的“热爱”？

“离开”的才能想让我“感受”到什么？它是在鼓励我放弃陈旧的行为方式吗？还是在提醒我为世界“留下”一些“礼物”呢？

“学习”的才能想让我知道些什么？“谦逊”的内涵到底是什么？

“欢笑”的才能想让我知道些什么？它想让我“感受”些什么？“幽默”的内涵究竟是什么？

第 17 章

真正的事业

只有经历过内心的混乱，精神才能得到真正的升华。

——弗里德里希·尼采

对于绝大多数人来说，尽管他们每分每秒都在创造，却没有足够的时间和精力进行革新。这是因为，他们的头脑已被结构化的想象力完全占据，革新没有了足够的大脑基础，自然无法进行下去。如果我们能够“善待”革新，给它留出足够的喘息空间，它就会悄悄降临，给我们带来惊喜——制定出新的营销策略、构想出新的故事框架、以新的方式活跃课堂、用新的形式表达爱意……总之，革新会带来各种有趣的可能。

当阴阳两种能量结合到一起后，革新的势头便不可阻挡。我们会感受到，在心灵深处，尚未出世的创意开始不停地呼唤；在思想和情绪中，生命的活力开始不断地搅动、翻腾。

革新的历程就像横渡一条河流。这条河流极其宽广，你根本无法望到彼岸，我们只能一边前进，一边建造自己的桥梁。因此，在革新的时候，一定要保持自信、乐观的态度，才能克服心中的恐惧，顺利到达终点。

全速前进

如果前路茫茫、无法看清方向，你是否会就此放弃、不再进行革新？当你身处这种困境时，下面这个例子或许能够带给你一些启迪。

20 世纪 70 年代末，南太平洋铁路公司拥有 1.5 万英里的铁路线。经过调查和评估，公司决定在铁路沿线铺设数字电缆。那个时候，电信行业被贝尔公司完全垄断。因此，即使电缆铺设成功，也无法接到既有的电信系统，实用价值几乎为零。但是，一些负责人意识到，这条电缆线能把整个国家联系起来，一旦放开了电信管制，使用价值将不可估量。于是，公司立刻采取行动，实施了电缆项目。

这一天终于到来了——政府解除了对于电信业的管制，而那个已经启动多年的电缆项目，则帮助南太平洋铁路公司先于他人建立起了良好的电信业基础，从而为建立一个遍布全国的光纤网络准备了充分的条件。

现在，“南太平洋铁路公司”早已成为历史，但是“南太平洋铁路网络通信公司”（简写为“SPRINT”）却还在生机勃勃地运营着。

这个故事告诉我们一个道理——“如果你建好了（棒球场），他们就会来（打球）”。（译者注：这句话出自电影《梦幻成真》。）车到山前必有路——只要我们敢于“革新”，总会迎来制胜的机会。

就这样，我们到达了“超创意”的境界。

你想要创造什么？你相信机会正在前方等待着你吗？

最重要的问题是，在无法看清对岸的情况下，你是否愿意渡过革新的河流、追逐自己的梦想呢？

“不确定的认知方式”——“个人革新”的关键

在某种意义上，追寻“超创意”的过程可以拓宽我们的视野，增强我们的认知能力，但是，这种认知是一种不确定的认知。所谓不确定的认知方式是指，我们并不是通过一些演算和推导，得出某种“板上钉钉”的真理，而是听从心灵的指引，凭感觉去摸索真相。诗人温德尔·贝里很清楚这一点：

只有当我们不知道要做什么的时候，
才会找到真正的使命；
只有当我们不知道走哪条路的时候，
才会踏上真正的旅途。
没有困惑的头脑
是未被开发的头脑；
溪流遇到阻碍后
才能够尽情地歌唱。

无论之前发生了什么——无论你经历了多少成功和失败，你都可以立足于当下进行革新。这种“立足于当下”的个人革新是指，自己的行动既要超越过往的记忆和经验，同时也不要忽略和遗弃那些经验和记忆。只有在两者之间寻找到平衡，才能发现自己“真正的事业”。

信号和线索

诗人鲁米曾经说过："只有一件事情，我们永远不可以忘记。"他一直认为，每个人降临到这个世界上来，都负有一个特别的使命，而且，比起使命本身，"'为什么'要完成这个使命"的意义更为重大。在前面几章中，我们已经受过了一些训练——这些训练对于理解使命的内涵大有帮助：我们已经知道，自我的层次极为丰富，而那些丰富的"自我维度"恰恰是"使命"的根源所在；我们也了解了"神奇之物"的概念，并开始有意识地引导自己的精力和能量，使它们集中到"神奇之物"之上。除此以外，我们还认识到"阴""阳"两种能量是如何在人体内相互作用的——这一认识可以帮助我们更好地明确自己的"使命"……

无论你的年龄大小、教育水平或者工作经验如何，你都能够接收到使命的召唤。这种"召唤"来自灵魂，它永不停歇，也不会被轻易消除。据我所知，许多杰出人物在退休之后，都会全身心地投入到"使命"中。在他们看来，这一"使命"是专属于自己的、真正的"事业"，他们绝不会放弃这一"事业"。

那么，对于自己而言，"真正的事业"究竟是什么？如果你尚不清楚这一点，不如"检查"一下自己的生活，寻找有用的"线索"和"信号"。这些"线索"包括但不限于：天赋、才能、长处、渴望、激情、梦想、价值观念……它们都能指向"真正的事业"。

当然，"神奇之物"也是一个重要的"线索"。一定要注意，"神奇之物"不是"最好的东西"，也不是"被最多人认可的事情”，而是“最令自己惊异的感觉（情绪）”——这种感觉（情绪）能够带给我们真正的生机和活力。

同样地，真正的事业也能够唤起你的活力。它不仅可以鼓舞你自己，也能使周围的人受到积极的影响。

有些时候，为了弄清什么才是真正的事业，首先要明白，哪些东西不属于这个范畴。比如，对我而言，工作并不是真正的事业。我做着各种各样的“工作”——丈夫、父亲、作家、制片人，但它们都与我的核心“使命”无关。我不停地问自己，“什么对我最为重要？什么代表了生存的全部意义？”经过反反复复的自省之后，我终于明白，“自我”才是最重要的——它就是我真正的“事业”。从此以后，我便投入大量精力，以加深“自我”和世界的“联系”。

如果你想要找出真正的事业来，不妨问自己以下的问题：

你想要表达什么？

你在乎什么？

你热爱什么？

你想要给予（他人、世界）什么？

如果你已经找到了真正的事业，就鼓起勇气、把它表达出来，并投入到相关的行动中。

在以上列举出的诸多线索中，“激情”的作用最为重要。

不久之前，我为一家加拿大的石油公司组织了一场研讨会。刚开始的时候，我受到了各种质疑，研讨会也因此难以推进。

其中，人力资源总监认为，这场关于创意的讨论没有多大的价值——“‘创新’和石油生意毫不相干啊！”为了回应这个质疑，我对研讨会的流程稍做调整组织了一次特殊的讨论：“什么人（经历、地方……）能够激起你的‘热情’呢？”

“我热衷于极限运动。”“我喜欢旅行和园艺。”“投资使我感到兴奋。”“我一见到孙子、孙女就特别高兴。”……这些都是很典型的答案，但是，在这些答案中，没有一种是真正的“激情”，它们只是激情的宣泄口而已。

然而，在追求这些事物的过程中，你会体验到一种“活力”——这种“活力”就是真正的“激情”。我们可以采取不同的手段，发现专属于自己的“激情”。

就这样，我们进行了各种练习，来挖掘自己的激情。尽管有所疑虑，但人力资源总监并没有固执己见，反而积极参与到了这些练习中。第二天，他的面貌焕然一新，让所有人都大吃一惊。据他所言，通过那些练习，他发掘出了自己对于爱情的“激情”。回到家后，他和妻子分享了自己的感悟，两个人进行了深入细致的交流……终于，他们的爱情在沉寂了数年之后，又开始熊熊燃烧起来。

这位高管已经点燃了“厄洛斯”。

不仅仅是浪漫的爱情——任何事物都可以引燃“厄洛斯”。它是我们心中最根本的激情，是阴阳能量结合的产物，是所有创意的源泉。每个人都能按照自己的意愿，点燃激情之火，引导“厄洛斯”到达生活的每一个方面。

你也许会问，那个总监最后怎么样了？事实上，那次研讨会对他影响很大。在研讨会后，他曾给我写过一次信，希望自己能够和我共事，并打算加深自己和创意的“联系”。由此，我们可以看出，在他最初的抗拒和抵制之下，实际上却潜藏着自己对于“活力”的强烈渴求。不到一年的时间，他就离开了公司，开始充满激情地追求自己真正的事业——他获得了“行政人员教练”的资格证书，并按照自己的规划开展业务。一切开始蓬勃发展起来。

这种召唤来自灵魂，它永不停歇，也不会被轻易消除。

表达“创意使命”

闭上眼睛，进行几次深呼吸，认真地感受自己和“创意自我”之间的联系。

第一步：你希望创造些什么东西？你的“创意使命”是什么？在脑海中勾勒出相关的“图景”。

如果你还不清楚什么才是自己真正的“事业”，就想象自己确实知道了“谜底”，在脑海中提前放映有关的“图景”。

第二步：把“图景”转化成语言，详细地描写自己的“创意使命”。

描述那些引发你“创造欲望”的“激情”。

如果你尚未明晰自己的“使命”与“激情”，就采用“意识流”的手法——想到什么写什么，随意挥洒自己的心迹。在这个过程中，一定要充分发挥自己的想象力，使自己摆脱结构化思维的束缚。

第三步：浏览第 4 章的“情绪词汇表”，选取 5 到 10 个形容词。注意：这些形容词必须和你的“使命”以及“激情”产生关联。例如，“满足”“狂喜”“兴高采烈”“心情愉快”“放松”，等等。

如果你想到的词汇并不在词汇表中，那也没有问题。只要那些词汇能够使你受到“鼓舞”，令你产生“共鸣”就好。

第四步：每一个词语都有着自己独特的“性质”，并且分别对应着一种特殊的“音调”。用这些“音调”，把你的“创意使命”大声地读出来。

例如：

如果“自信”是其中的一个词语，就用充满自信的声音读出你的“创意使命”；

如果“平静”是其中的一个词语，就用平静的声音把你的“创意使命”读出来，等等。

当你用不同的“音调”读出自己的“创意使命”时，有没有一些想法（情绪、感觉……）冒了出来？

花上几分钟的时间，把这些“体验”写下来。

走向“真正的事业”

发掘自己的“创意使命”、找到专属于自己的“真正事业”，并不总是像在公园里散步一样轻松自在。虽然前路漫漫、艰险异常，我们却能沿着这条小径，回归真正的自我。

问一下斗牛士吧。

在尘土飞扬的竞技场上，埃尔·皮拉尔·波利斯身着华丽的服饰，直直地望着眼前的这头巨兽。这头公牛面目凶恶，距离他不到4英尺（约合1.2米）远——他甚至能感受到野兽喷出的灼热气息。

汗水不断地流到眼睛里，刺痛了他的双眼。一个奇怪的念头开始闪现——他努力地压抑着这个想法，无奈念头却越来越强烈。他们仍在对峙着，呼吸的节奏完全同步。斗牛士望向那双闪闪发亮的眼睛，终于意识到——

“一切都结束了”。

这场杀戮将不会发生——不仅现在不会发生，而且永远都不会再发生了。（译者注：在西班牙式斗牛中，斗牛士要把公牛杀死。）

波利斯来自南美洲的哥伦比亚，是一位久负盛名的斗牛士。他坚持不懈地奋斗，希望杀进斗牛运动的故乡——西班牙，走入所有斗牛爱好者的心中。在这个过程中，他收获了耀眼的名望、累累的财富，赢得了众人的称颂和崇拜。总而言之，他获得了世俗意义上的“成功”。

在这场竞技之前，他已经和公牛对峙了上千次，从未有过丝毫退意，但是这一次，他却要走开了。他扔下了自己的红披风，放弃了所有的荣耀、财富和追捧。

在他的心中，对于公牛的同情战胜了自己对于荣耀的渴望。

几周之后，波利斯终于公开露面，讲述了自己的心路历程："那个时候，像鬼使神差一样，我突然就望向了这头公牛。它和所有动物一样，眼睛里充满了无辜，好像在恳求着我，希望我不要杀掉它。在我的内心深处，似乎响起了正义的呐喊。那个声音似乎在说：'放下手中的屠刀，真诚地忏悔吧！你将得到那些死去的生灵的宽恕。'"

这个故事像病毒一样，在网上迅速扩散，成了一个新的"都市传说"。它席卷了各大社交媒体，引发了一场巨大的争论："放弃伟大前途，离开自己施展才能的舞台……这一切究竟有何意义？""我们有没有必要为了一个看似愚蠢的'理想'而抛弃一切？"……

唯一的问题是，这个故事是杜撰出来的。

不久之后，有人爆料出，这个故事只是一个骗局，更确切地说，它是原有的事实经过加工之后得到的结果。实际上，波利斯并没有中途退场，是那头公牛把他的职业生涯彻底终结。它先是把波利斯踏在脚下，又把他像布娃娃一样扔了出去，最终，波利斯颈椎折断，高位截瘫。

随着身体的逐渐康复，波利斯适应了新的生活，想法也发生了巨大的转变。他回想着自己给动物们带来的痛苦，心里懊悔不堪。正是这种"清醒的痛苦"，帮助他走出了自己的过往，开始推动禁止斗牛活动，成为这一领域的先锋人物。

尽管那个广为流传的版本并不真实，但它还是引起了大多数人的共鸣。这其中的原因的确引人深思。实际上，那个版本反映了人们对于“英雄”的渴望——这个“英雄”不同于世俗意义上的“成功者”：他能够鼓起勇气，摆脱“浮华”却“虚假”的生活，而他的所作所为，也为后来者树立了光辉的榜样。

比起广为流传的故事来，真实的情况更加错综复杂。对于身负重伤的波利斯而言，那次事故之后，他所面临的最大挑战，就是“如何重新塑造自己的人生”。我们在前面提到，波利斯已经成功做到了这一点——成为一名“反斗牛”的斗士，从而开启了人生的新篇章。但这样看来，他过人的斗牛才能、前半生的辉煌成就似乎被完全否定了。事实却并非如此。正是因为他拥有着过人的斗牛才能、承载着巨大的斗牛声望，他才比其他人更适合反对斗牛活动。毕竟，从事真正的“事业”并不意味着否定自己的过去啊！

以上的例子说明：发现真正“事业”的过程并不总是轻松愉悦的。

有的时候，要想发现真正的“事业”，就必须面对那些令人痛苦的真相。如果你为了逃避痛苦，抗拒“神奇之物”的召唤，那么，你就会遇到越来越多的困难和挑战。一定要记住一点：这些“召唤”来自“自我”的深处；我们无法压抑真正的“自我”。

一个好消息是，如果你投入全部的精力，认真打理真正的事业，那么，这项事业就不再是一个难题。波利斯的故事告诉我们，“神奇之物”总是近在眼前，等着我们去寻找、去发现。

真正的“创造者”是会主动寻找“神奇之物”的。

> 我们无法压抑真正的“自我”。

试一试！踏上超创意之旅

我完成了一个电影剧本。在这个故事里，女主角被一群极恶之徒所追赶，独自一人穿越欧洲大陆。一旦迷失了方向，她就会为自己制作一幅“地图”。她取下自己的皮质方巾，把它完全弄湿之后，放在太阳底下晒干。皮革干透以后，表面出现了许多褶皱，她把这些线条看成“地图”上的“标绘”，按照它们的“指引”，继续往前行走。

无论那些线条的走向是多么的稀奇古怪，她都跟随着它们的“指引”、坚定不移地走下去。结果反而出乎意料的好。

你也可以设计一幅“直觉”的“地图”，踏上专属于自己的、“超创意”的旅途。

■ 选取一个问题或者议题，作为此次练习的探究对象。

■ 寻找“线索”或“提示”。在我的故事中，女主角利用她的皮质方巾，但你可以使用几乎任何一种东西。

例如，在一本书中，随机地选取一页，阅读上面的第三段话；或者翻开一本杂志到第 44 页，看一下是什么东西第一个映入眼帘。

■ 从这些“线索”或“提示”中，获取“灵感”和“启示”。然后，利用这些“灵感”，找到问题的“答案”，并依照“答案”行事。

相信自己的答案，鼓起勇气，坚定不移地采取行动。

第 18 章

艺术的生活

爱上这个忙碌的世界，体味生活的悲欢离合。

——拉尔夫·瓦尔多·爱默生

《伊索寓言》中有一个有趣的故事。一只狐狸走到了葡萄园外，看到了满园鲜美多汁的葡萄。它想要尝一尝葡萄的滋味，却面临着一个难题：园子的周围有一堵巨大的石墙，把它和葡萄无情地隔开了。

“我一定能越过这个障碍！”它对自己说。于是，它开始使劲地往上跳，想要进到园子里面。

第一次没有成功。

又试了一次，还是没有成功。

又试了一次……

“我想要那些葡萄。我一定能尝到那些葡萄。那些葡萄一定很美味！”

狐狸试了好多次，都以失败告终。它彻底灰心，打算放弃。

在离去之前，它突然想到一种方法，使自己免受失败的烦恼。

“那些葡萄一定很酸！”它大声说道。带着这样的想法，它离开了葡萄园。

这只狐狸认为，既然自己不是“全能”的（不能获得或

者创造出自己想要的东西），就假装自己是“全知”的就好了。它反反复复地提醒自己：“我确实知道‘葡萄很酸’这个事实啊！”——就这样，那些由失败引发的烦恼与懊丧就烟消云散了。

实际上，当遇到类似情形的时候，人类的表现和狐狸如出一辙。

我们都想要实现自己的渴望——进行某种变革或者创造出某些东西来。如果我们不幸失败了——自己的渴望无法实现，我们就会到处寻找精神慰藉。这些慰藉来自于过往的行为模式、既有的思维习惯和别人的实际经验。那些东西都是我们所熟知的；而利用自己所熟知的东西，解释自己当下的境况，则会让我们不再茫然无措。就这样，我们借用这些老掉牙的思想和经验，“创造”出了一些借口，来为自己的失败辩护……就这样，我们心安理得地畏缩不前……

那只狐狸本来还有其他选择。它本来可以搭一个简陋的斜坡，也可以从靠着围墙生长的那棵树上爬过去，或者干脆去找一个没有围墙的葡萄园……吃葡萄有千千万万条途径，它却过早地丢弃了梦想、放下了自己的渴望。

我们知道，要想过上创造性的生活，就不能固守那些陈旧的经验，来面对自己的生活、工作和感情。一味地重复过去，或者是一味地模仿他人——这些都是远远不够的。

为了触发自己的灵感，为了使自己顺利地“革新”，我们不应该再将就地过活了。如果我们的生活仅仅是“相对于过去有所提升”，那么，我们就不应该满足于此，而是应该继续前行，探索更广阔的生活。要记住，我们想要的东西，以及那些“召唤”我们的“使命”，既不在过去，也不在当下，而在我们看不见的遥远的未来。“创造”那种广阔的生活，并不是要求我们获取、处理生活中的各种“信息”和“线索”，而是和“知识”的一种特殊形态有关。

> 为了触发自己的灵感，为了使自己顺利地“革新”，我们不应该再将就地过活了。如果我们的生活仅仅是“相对于过去有所提升”，那么，我们就不应该满足于此，而是应该继续前行，探索更广阔的生活。

勤奋和投入：走向真正的“出色”

年轻的时候，我在伦敦的电影学校就读。在那里，我了解到这样一件事：在伦敦，要想成为一名出租车司机，需要了解一种他们所说的“知识”。在开车上路之前，他们必须花几年的时间，走完整个城市。对于那些主要路线，他们还要做一些详尽的笔记——这一任务的工作量大到惊人，因为主要路线总共有 320 条，涉及 2.5 万条街道。这让我十分震惊。最后，他们还要骑着摩托车，把每一英里的路再过一遍……但是，即使做到这种程度，他们也还是没有资格开上出租车。实际上，对于一个伦敦人而言，他需要花将近三年的时间，才能获得拿到驾照所需的全部知识和技巧。而经过了这番磨炼，他们就不再是一名普通的司机了，而是成了一名“驾驶艺术家”。

现在，这一传统仍在延续。从某种意义上讲，这个驾驶传统完美地体现了“创造性生活”的实质。首先要关注细节、勤奋学习；然后进行持续地练习，鼓起勇气、克服“障碍”；最后，才能做到真正意义上的“出色”。

对于司机来说，这种“出色”集中体现在了对于行车路线的筹划上。一旦确定了起点和终点，他们就可以迅速综合各种“细节（信息）”，制定出一条高效的行车路线来——采取什么交通方式、沿途转盘路的位置、各种公共事件的日程、当天的天气状况、路面施工的情况……

他们已经走过了这座城市每一英里的道路。因此，他们在进行决策的时候，就不会有丝毫的犹豫。他们可以气定神闲地从起始点开到目的地。他们可以不参考任何地图和导航系统。

这实在太神奇了。

这种奇迹当然有它的现实基础：出租车司机先是积累了丰富的“细节（信息）”，然后将它们完全消化，把所有的知识一体化——知识一旦“融会贯通”，各种问题也就不在话下了。

作为一个创造者，当“一体化”发生时，你就做到了真正的“出色”。你真正拥有了“知识”——它被吸收到潜意识中，成为身体的一部分。从那个地方，“创意”源源不断地涌现了出来。在此之后，你在面对任何事情时，都将有如得到神明暗中相助，总是稍加思索，就能做出恰当的选择、谋划正确的行动。工作也不再是一件痛苦的事，而是变成了一种美妙的享受。阴阳两种能量也会真正融合在一起。

从此以后，在“创造”和“非创造”之间，就不存在任何区别了，每个“行为”都变成了“创造行为”，一切事物都成了“创造行为”的汇流。

> 作为一个创造者，当“一体化”发生时，你就做到了真正的“出色”。

良性循环

生活本身就是一种创造性的行为，而世界则是一个特殊的“反馈系统”，可以对我们的“创造活动”进行调节。

这个“反馈系统”可以使我们的创意能量进行良性循环。首先，我们进行了各种创意实践；这些实践拓宽了我们的视野，提升了我们的感知能力。而随着感知能力的提升，我们对于（内部或者外部）世界的变化也会更加敏感。我们会注意到，在某个时刻或者某个地点，某些事物发生了细微的变化——这些变化就是“反馈”。实际上，无论这些“反馈”多么微小，我们都能准确无误地捕捉到它们。在接收到这些“反馈”之后，我们将会有意识地寻找它们的“意义”，弄清楚它们的“内涵”究竟是什么。根据这些“意义”和“内涵”，我们便可以有针对性地“调节”自己的生活，使其保持在一个稳定有序的状态中。而在品尝到“反馈调节”的甜头之后，我们的“潜意识”就会受到鼓舞，进而“催促”我们进行更多的创意实践……如此便完成了一个良性循环。

隐喻和意义

诗人认为，我们所看到的东西，仅仅是现实世界的一小部分；换句话说，在表层的事实下，还蕴含着极为丰富的“意义”。与此相似，创造者在理解世界的时候，也绝不会停留在事物的表面，而是到更深的层次找寻事物的“意义”。无论是沿着街道走路、在旷野中闲逛，还是捡起一块石子、偶遇一位老友、遭遇一个挑战——这些经历看似偶然，实际上却与我们有着极为深切的“联系”。如果用诗人的眼睛来观察这些琐事，这些琐事就会变成一个个“隐喻”——它们似乎在暗示着，在我们的“创意自我”中，可能发生了什么事情。

当每一种事物都有着深层的“含义”时，我们的世界就会变成一个“魔法世界”——它通过各种“隐喻”，把“自我”的状态及时“反馈”给我们，从而使我们更加深刻地理解“自我”、理解世界。

当每一种事物都有着深层的“含义”时，我们的世界就会变成一个“魔法世界”。

不要独自前行

创造——反馈、再创造——再反馈……就这样，我们在良性循环中转了一圈又一圈。尽管独处和自我反省十分重要，但是，“创意”并不会发生在真空中。就伦敦的出租车司机而言，他们仅仅依靠自己，是无法获取任何“知识”的。为了满足职业的要求、成为“驾驶艺术家”，他们必须紧紧依靠这个城市，从其中获得准确的引导、足量的信息、正确的路线、无穷的灵感……对所有的创造者而言都是如此。

要想打碎僵化的思维模式、消灭自己狂妄的情绪，不仅需要个人的专注和勤奋，也需要对外物的“接收”和“包容”。换句话说，要想干成大事，我们决不能孤军奋战、独自前行。

爱上这支“舞蹈”

专注和勤奋是“阳性”的“行动”，接收和包容则是“阴性”的“本质”。阴性能量和阳性能量交缠在一起，跳出了一支绝美的“恰恰舞”。这就是创造的实质。

为了变成一个熟练的创造者，你必须热爱这支“恰恰舞”。当“意志”和“行动”与“想象”和“感觉”结合到一起时，你的眼界和视野就会完全打开，并因此发现更多的可能。不要只在旁边观摩“舞步”，一定要全身心地参与到“舞蹈”中去，感受身体里“活力”和“能量”的“流动”。

就在这时，奇迹发生了。

你不再理会别人的看法和评价，开始自如地“构想”着自己的生活；你摆脱了过去经验的束缚，开始有意识地创造“现在”和“将来”。总而言之，当你学会了足够多的技巧和手段，并利用它们表达自己的“创意”时，当你摆脱了成长环境的影响和制约，活出自我的真正个性时，你的整个生活都变成了一项创意活动。

整个生活都成了一种艺术。

放弃过往

在本书最后，我还要给大家讲一个故事。

从前，有个男人在马戏团里照料大象。这项工作他已经干了40年了。每天晚上回家，他都要絮絮叨叨地抱怨一番：背太疼了、脚受伤了、手太酸了、大象的粪便太臭了、整天面对着大象太无聊了……

有一天，他妻子终于受够了。“你为什么不换一份工作呢？”

他简直难以相信自己的耳朵。他从饭碗中抬起头来，看着自己的妻子说：“你说什么？我不干这行干哪行？”

和这个饲养员一样，有时候，无论眼前的生活多么艰难，我们也不愿意放弃那些造成“艰难”的“缘由”：单调的工作、尴尬的身份、固定的行为方式……我们对这些事物太过熟悉了，它们虽然不好，凑合着相处却不是问题。如果我们抛弃它们、转向“创新”，谁又能保证，我们得到的就一定比失去的多得多呢？

我非常了解这些忧虑。但我也明白，创新是人类共同的天赋。如果你从心底接受了创新，它就会来到你的身旁，帮助你掌控自己的生活。

一定要勇敢啊！

致谢

我非常感谢我的编辑——黛布拉·埃文斯和莱斯利·梅雷迪思。你们为我修改了许多粗糙的文字，完善了许多不成熟的想法。是你们让本书熠熠生辉。谢谢你们！

我还要感谢我的出版商朱迪思·科尔，以及“心房图书”的运作团队，感谢他们为我提供了这样一个平台。最后，我还要感谢我的朋友和创意老师，你们帮助我证实了创新是一种可教授的“技能”。